얼굴의
인문학

얼굴의 인문학

초판 1쇄 인쇄 2025년 9월 3일
초판 1쇄 발행 2025년 9월 10일

지은이 이지호
펴낸이 오세인 | **펴낸곳** 세종서적(주)

국장 주지현
편집 최정미
표지 디자인 박은진 | **본문 디자인** 디자인그램마
마케팅 조소영 | **경영지원** 홍성우

출판등록 1992년 3월 4일 제4-172호
주소 서울시 광진구 천호대로132길 15, 세종 SMS 빌딩 3층
전화 (02)775-7012 | **마케팅** (02)775-7011 | **팩스** (02)319-9014
홈페이지 www.sejongbooks.co.kr | **네이버 포스트** post.naver.com/sejongbooks
페이스북 www.facebook.com/sejongbooks | **원고 모집** sejong.edit@gmail.com

ISBN 978-89-8407-876-5 03500

- 이 책에 사용되는 이미지는 저자가 직접 사진을 찍었거나 셔터스톡, 위키백과, 나무위키, 핀터레스트 등 무료 이미지를 사용했습니다. 일러스트는 저자가 직접 그렸습니다.
- 잘못 만들어진 책은 구입하신 곳에서 바꾸어드립니다.
- 값은 뒤표지에 있습니다.

얼굴의 인문학

얼굴뼈로 들여다본 정체성, 욕망, 그리고 인간

이지호 글·그림

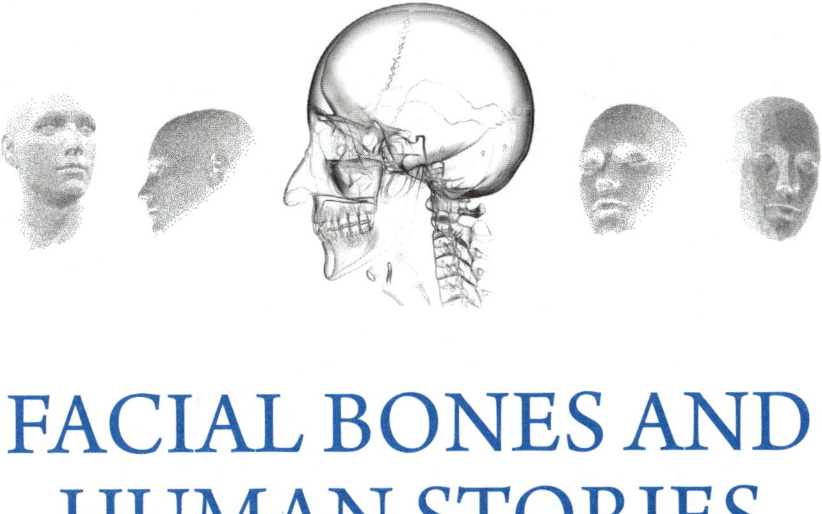

FACIAL BONES AND HUMAN STORIES

세종

추천의 글 (가나다순)

***

서울아산병원 구강악안면외과 이지호 교수가 쓴 이 책은 얼굴뼈와 치아, 혀 등 우리의 정체성을 규정하는 '얼굴'에 관한 흥미로운 이야기들을 담고 있다. 이지호 교수는 서울대학교 치과대학을 졸업한 이후 구강악안면외과 영역에 종사하면서 얻은 20여 년간의 임상 경험에 풍부한 역사적·인문학적 지식을 녹여내 이 놀라운 책을 엮어냈다. 이 책은 해당 분야에 종사하는 의료인들에게는 자신들이 하는 일의 역사적·인문학적 의미를 상기시켜주는 귀중한 자료가 될 것이고, 일반 독자들에게는 양악수술부터 임플란트, 구강암에 이르기까지 오늘날 많은 사람이 궁금해하는 주제에 관해 정확한 의학 지식은 물론 폭넓은 관련 상식까지 제공해주는 훌륭한 교양서로 자리매김할 것이라고 확신한다.

의료는 사실상 딱딱한 자연과학의 영역이기만 한 것이 아니라, 이렇듯 풍부한 인문학적·사회적 맥락을 지닌 인간의 활동임을 이 책은 아주 잘 보여준다. 이는 많은 사람이 그러할 것이라고 예상하는 정신의학과 같은 분야가 아니라, 가장 테크니컬하고 엄격한 영역으로 평가받는 구강악안면외과에서도 마찬가지다.

얼굴은 우리가 세상과 소통하는 바로 그 창이며, 내가 누구인지를 보여주는 정체성 그 자체고, 대화와 음식 섭취를 통해 존재를 유지하는 우리 몸의 대표적인 부위다. 그만큼 이 영역에는 많은 이야기가 담겨 있으며, 지금 이 순간에도 수많은 환자가 '내가 어떻게 보일까', '나는 누구일까', 혹은 '가장 기본적인 건강의 조건인 음식 섭취를 어떻게 해야 할까'를 고민하며 의사를 찾아온다. 치아를 잃어본 사람이라면 누구나 공감하겠지만, 얼굴뼈에 문제가 생기면 단순히 음식 섭취의 어려움뿐 아니라 사람들 앞에서 제대로 대화할 수조차 없는 수치심까지도 느끼게 된다. 얼굴이나 턱뼈의 기형은 말할 것도 없고, 구강암 같은 경우는 극심한 통증에 더해 생명까지 위협받는 두려움도 함께 동반된다.

구강악안면외과 의사는 이러한 인간의 근원적인 고통을 다루는 이들이다. 이지호 교수가 방대한 인문학적 지식을 갖추게 된 것도, 이러한 고통을 어떻게 마주하고 치유할 수 있을지에 대한 깊은 고민에서 비롯되었을 것이라고 감히 짐작해본다. 환자와 의사의 관계가 그

다지 바람직하다고 보기 어려운 작금의 현실에서 이렇듯 실력을 갖추고 인간과 사회를 깊이 있게 이해하는 의료인의 존재는 매우 소중하다. 이 책을 통해 일반 독자들이 의료와 의료인을 더 깊이 있게 이해할 수 있기를 기대하며, 많은 의료인 역시 본인이 하는 업의 가치와 중요성을 더 깊이 깨닫고 자부심과 긍지를 가질 수 있었으면 한다. 그리고 의료의 본질과 역할에 대해 다시 한번 성찰하는 기회가 되었으면 한다.

권복규, 이화의대 의학교육학교실 교수

***

"마흔이 넘으면 자기 얼굴에 책임을 져야 한다"는 말이 있다. 속담처럼 들리지만, 이는 미국 링컨 대통령이 남긴 말이다. 이 말은 나이가 들수록 자신의 삶의 궤적과 인성이 얼굴에 고스란히 드러나며, 결국 자신의 얼굴은 스스로 만들어가는 것임을 의미한다.

자신의 얼굴에 관심 없는 사람은 없을 것이다. 링컨의 말처럼 얼굴은 타인에게 내가 누구인지를 전달하는 핵심적인 인상이기 때문이다. 이런 점에서 이지호 저자의 『얼굴의 인문학』을 이제야 접하게 된 것은 50 중반을 넘어선 나에게 만시지탄의 안타까움으로 다가온다.

구강악안면외과를 전공한 저자가 인체의 근본인 뼈를 시작으로, 그 골격에서 비롯되는 얼굴의 입체적 구조와 조형성을 설명하는 부분은 실로 흥미롭다. 나아가 역사, 미술, 문학을 넘나들며 얼굴에 담긴 인문학적 코드를 포착해내는 부분에서는, 바쁜 의료 현장 속에서도 어떻게 이런 깊이 있는 인문학적 소양을 키웠는지 감탄사가 절로 나온다.

외모지상주의가 만연한 요즘, 단순히 표피적인 미추美醜의 관점을 떠나, 얼굴에 대한 새롭고 다각적인 이해를 통해 "자신의 얼굴에 책임을 진다"는 말의 진정한 의미를 탐구하고자 하는 모든 독자에게 이 책을 자신 있게 추천한다.

신상목, 기리야마본진 대표, 전 주일대사관 1등 서기관

***

우리는 매일 얼굴을 보고 살지만, 정작 얼굴에 대해 얼마나 알고 있을까? 이 책은 얼굴뼈라는 해부학적 구조를 통해 인간의 정체성과 욕망의 역사를 들려준다. 얼굴뼈에 새겨진 수많은 이야기 속에서 우리는 인간과 역사, 그리고 문화가 얽힌 새로운 세상을 발견하게 된다.

우창윤, 서울아산병원 교수, 유튜브 「닥터프렌즈」 운영자

***

『얼굴의 인문학』은 단순한 해부학 교양서를 넘어, 얼굴이라는 공간에 담긴 정체성과 역사, 그리고 삶의 서사를 고스란히 풀어낸 보기 드문 책이다. 의료 현장에서 오랜 시간 환자를 마주해온 이지호 교수가 외과의사의 손끝에서 펼쳐지는 해부학 지식을 인문학의 언어로 다시 엮어낸 이 책은 전문성과 인간성, 기술과 사유가 얼마나 조화롭게 만날 수 있는지를 보여주는 귀한 사례다.

나는 저자가 전공의 시절부터 남다른 관찰력과 깊은 사유의 시선을 지니고 있다는 것을 알고 있었다. 그가 오랜 임상 경험을 바탕으로 '얼굴뼈'라는 주제를 이렇게 풍성한 이야기로 확장해낸 것을 보며, 한 사람의 의사가 어떻게 자신만의 시선으로 세상과 소통할 수 있는지를 새삼 깨닫게 되었다. 환자의 삶에 진심으로 귀 기울일 줄 아는 의사만이 이러한 글을 쓸 수 있다고 믿는다.

이 책은 구강악안면외과라는 다소 생소할 수 있는 분야를 따뜻하고도 흥미롭게 독자에게 소개하며, 의료인이자 작가로서 이지호 교수의 면모를 유감없이 드러낸다. 제자의 성장을 지켜보는 스승으로서 이 책을 많은 이에게 자신 있게 권하고 싶다. 얼굴뼈라는 작은 현미경을 통해 인간을 들여다보는 이 책은 독자들에게 새로운 인식의 문을 열어줄 것이다.

이종호, 국립암센터 구강종양 교수, 대한민국학술원 회원

***

사람의 몸을 다룬 책들은 많지만, 이지호 교수의 얼굴뼈 이야기는 단연 참신하고 독창적이다. 전문성을 잃지 않으면서도 영화, 역사, 미술 등 다양한 분야의 사례를 통해 재미있게 풀어나간 필력은 인문학적인 요소를 겸비하고 있다.

해부학에서 머리뼈는 뇌를 보호하는 핵심 구조물로, 그 안에 형성된 수많은 구멍은 뇌와 신체를 연결해주는 신경 통로 역할을 한다. 우리가 인간답게 살 수 있는 것은 정신적인 영역뿐 아니라 움직임을 조절하고 감각을 느끼게 하는 신경이 있기에 가능하다. 이러한 운동과 감각을 관장하는 뇌는 바로 머리뼈의 보호를 받는다. 의학 강의에서 해부학은 흔히 어렵고 지루하게 느껴지는 분야이지만, 이지호 교수의 인문학적 재치를 만나 감각적이고 서사적인 이야기로 재탄생했다. 대부분의 인체 해부학 서적이 사람의 몸을 소재로 전개되는 반면, 이 책은 얼굴뼈와 머리뼈라는 한정된 영역을 중심으로 신선하고 깊이 있는 통찰을 제공한다. 예로부터 머리뼈는 해부, 뼈, 해골과 관련해 금기시되기 쉬운 소재였지만, 이 책은 방대한 사례를 통해 그 어려운 주제에 탁월하게 접근했다. 저자의 폭넓은 상식과 내공에 감탄하지 않을 수 없다. 소개된 이야기의 다양성과 전문성을 겸비한 깊이는 이 책의 가치를 더욱 돋보이게 한다. 30여 년간 해부학을 연구해온 교육자로서 이 책을 많은 이에게 추천한다.

황승준, 울산의대 해부학 교수, 대한해부학회 회장

교실 밖의 해부학, 얼굴뼈 이야기

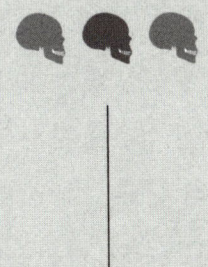

얼굴은 정체성의 중심이다. 사람을 알아보고, 인상을 판단하며, 감정을 전달하는 모든 것은 얼굴이라는 공간에서 이루어진다. 얼굴뼈는 그 기반이 되는 구조물이다. 단단한 음식을 씹을 때, 하품할 때, 무의식적으로 이를 악물 때조차도 얼굴뼈와 턱관절은 끊임없이 움직이며 크고 작은 스트레스를 견뎌낸다. 평소에 우리는 이러한 얼굴뼈의 소중함을 인식하지 못하고 살지만, 사고나 질병으로 얼굴뼈를 다치면 그동안 당연하게 여겼던 기능이 얼마나 소중한지 깨닫게 된다. 구강악안면외과 의사인 내가 하는 일은 이러한 얼굴뼈를 복원하며, 이들에게 희망을 찾아주는 것이다.

치과대학 시절, 해부학은 나에게 양면적인 존재였다. 조각난 인체 그림과 고대 종교 경전에 쓰이는 주문 같은 명칭을 반복해서 암기해야 하는, 그야말로 건조한 과목이었다. 그러나 그것들이 왜 그렇게 생겼고 어떻게 작동하는지 관심을 기울이면, 꼬부랑글씨 속에 파묻힌 그림들이 마치 생명을 얻은 듯 살아 움직이는 것 같은 착각을 불러일으켰다. 사실 이런 경험담은 해부학을 공부해본 사람들의 간증(?)에 심심찮게 등장하는 진부한 이야기다.

그런데 재미있다고 해서 항상 좋은 성적을 받는 건 아니었다. 대부분의 시험이 그렇듯, 족보 위주의 '묻지 마 암기'가 점수를 따는 데 훨씬 효율적이었기 때문이다. 나는 재미와 '묻지 마 암기' 사이에서 어정쩡한 입장을 취했다. 그 결과, 나름 흥미를 가지고 열심히 공부한 과목임에도 기대만큼의 성적은 받지 못했다. 시간이 지나면서 해부학은 내 기억 속에서 책꽂이 구석에 자리 잡은 오래된 전공 서적처럼 점점 색이 바래졌다.

하지만 졸업 후 구강악안면외과 의사로 진로를 결정하면서 두꺼운 해부학 교과서에 쌓인 먼지를 털어내야 했다. 특히 학생 때 '전신 해부학'을 총론으로 배우고 나서 심화 과정으로 익혔던 '머리 및 목 해부학'은 '묻지 마 암기'로 머리에 집어넣는 것을 넘어 몸에 새겨야 하는 지식이었다. 수술은 마치 축척별, 상황별로 제작한 수백 장의 지도를 욱여넣은 항법장치를 몸에 지니고 길을 나서는 것과 같았기 때문이다.

환자의 얼굴 어딘가에 도사린 구강암과의 서늘한 숨바꼭질, 그리고 암을 제거하고 나서 휑하게 황폐해진 얼굴을 재건하는 과정에서 해부학은 더 이상 학점을 따기 위한 과목도, 단순히 재미있어서 공부하는 지식도 아니었다. 때때로 환자의 갑작스러운 출혈로 허겁지겁 달려온 늦은 밤에는, 앞선 수술로 뒤틀린 구조물과 출혈 때문에 어디가 어딘지 분간할 수 없는 상황을 마주하곤 했다. 그런 와중에 해부학은 경험 많은 어부가 어두운 밤에도 익숙한 물살과 바람을 감지하며 해안선을 더듬어 나아가듯, 나에게 길잡이가 되어주었다.

그러고 나서 수술실 밖을 나서면 해부학은 하나의 언어가 되었다. 구강암 진단을 받고 절망하는 사람, 수술 후 재발을 걱정하는 사람, 암을 무사히 극복한 사람, 얼굴 재건수술을 앞둔 사람들을 옆에 앉히고 나는 해부학의 언어로 CT와 MRI를 읽었다. 누군가는 희망을 품고, 누군가는 안도하고, 또 누군가는 절망할 결과를 차가운 해부학의 언어에 따뜻한 사람의 언어를 입혀서 그들에게 설명해야 했다.

나아가 나에게 해부학은 세상을 들여다보는 창窓이 되었다. 얼굴은 인간의 몸에서 정체성이 압축된 곳이다. 우리는 얼굴을 통해 누군가를 바로 알아보고, 때로는 외모로 그 사람의 상당 부분을 규정하기도 한다. 심지어 어떤 이들은 얼굴을 통해 그 사람의 내면도 들여다볼 수 있다고 하지 않는가? 오늘도 나는 병원을 벗어나 지하철, 쇼핑몰, 공항 등에서 마주치는 수많은 장삼이사張三李四들의 어깨 위에 자리한 정체성의 결정체가 다양한 표정을 짓고 대화하며, 보고 듣고 먹고 마시는 모습을 바라본다.

처음에는 얼굴 해부학에 대해 이야기하려고 이 책을 쓰기 시작했지만, 결국 한 명의 외과의사에 불과한 내가 전문적인 해부학 서적을 집필하는 것은 쉽지 않을뿐더러, 굳이 그럴 필요도 없다는 생각이 들었다. 이미 풍부한 내용과 이해하기 쉬운 그림으로 구성된 훌륭한 해부학 책들은 얼마든지 있기 때문이다. 게다가 얼굴은 아직도 밝혀내야 할 숙제들이 무궁무진한 미지의 세계다. 특정 분야에 치우친 나의 지식으로 책 한 권에 얼굴의 모든 것을 담아낼 수 있다고 말한다면, 그것은 명백한 허풍일 것이다.

결국, 나는 구강악안면외과 의사로서 가장 익숙한 얼굴의 '뼈'에 집중했다. 그 뼈가 만들어내는 얼굴, 그리고 먹고 말하며 소통하는 인간의 이야기를 풀어보기로 했다. 무엇보다도 '묻지 마 암기'에서 벗어나, 단편적인 흥미를 넘어 좀 더 깊이 있는 이야기를 하기 위해, 먼저 나 자신이 교실 밖으로 나오기로 마음먹었다. 이미 해부학에 관심 있는 일반인을 위해 전문적인 해부학 교육을 제공하는 교실과 여러 미디어에서 훌륭한 교수들과 체계적인 교과서를 얼마든지 접할 수 있기 때문이다.

우리는 자신의 얼굴에 만족하지 못하고 때로는 바꾸려 하지만, 그 뿌리는 '뼈'다. 미의 기준, 성형, 양악수술, 노화, 질병 등 얼굴에 얽힌 수많은 이야기가 얼굴뼈에서 출발한다. 이 책은 얼굴을 이루는 '악안면顎顔面 영역maxillofacial region'에 대해 이야기한다. 악안면은 머리뼈 중에서도 '얼굴'을 형성하는 부위를 일컫는다. 이 책에서 다루는 얼굴뼈는 얼굴 형태를 결정짓는 핵심이다.

이 책은 크게 세 가지 주제로 구성되었다. 먼저, 가장 단단하고 원초적인 얼굴뼈를 들여다봄으로써 얼굴이 지니는 정체성과 인간에 대해 탐구한다. 22개의 뼛조각들이 퍼즐처럼 맞물려 형성하는 다양한 인간의 외모, 그리고 운명처럼 타고난 얼굴을 변화시키려는 인간의 노력을 조명했다. 다음으로 얼굴뼈를 인간답게 만드는 요소들을 고찰했다. 먹고 말하며 감정을 표현하기 위해 얼굴뼈는 혀, 점막, 잇몸, 신경 등과 긴밀히 연결되어야 하며, 각 구성요소가 서로 소통할 수 있는 공간이 필요하다. 마지막으로 얼굴뼈가 문명사회에서 갖는 의미와 인간의 삶에서 어떤 역할을 하는지 살펴보았다. 얼굴의 해부학을 중심으로 마른 뼈에서 시작해 살이 붙고 생동하는 표정으로 이어지는 과정을 통해, 단순한 해부학을 넘어 하나의 얼굴이 전하는 인간 이야기가 자연스럽게 흐르도록 의도했다.

그럼에도 해부학 책은 그림이 기본이다. 텍스트만 가득한 해부학 책은 알 수 없는 용어들이 잔뜩 나열된, 모르는 종교의 경전과 다를 바 없다. 부업으로 일러스트 작업을 하고 있고, 몇 년간 그려둔 그림들을 정리해 작년에 에세이 책을 낸 적도 있지만, 일상을 소재로 한 일러스트와 인체 해부도는 작업의 결이 많이 달랐다.

이미 출간된 수많은 해부학 서적에는 전문가들이 그린 멋진 일러스트들이 넘쳐난다. 그런 스타일을 억지로 따라 하는 데 급급하다 보면, 정작 이 책에서 내가 진정으로 하고 싶은 이야기를 제대로 전달하지 못할 것 같았다. 얼굴뼈, 그것을 감싸는 살, 그리고 얼굴이 만들어내는 인간의 이야기를 풀어내기 위해, 해부학 구조를 사실적으로 표현하는 것보다는 이야기를 풀어가는 도구로 그림을 활용하고자 했다.

이 책에서 그림은 각 장마다 다양한 방식으로 활용되었다. 어떤 장에서는 전형적인 교과서의 구성을 따라 해부학 구조물의 삽화로, 다른 장에서는 지루한 설명에 지치지 않도록 가끔씩 던지는 농담으로, 또 어떤 장에서는 웹툰 형식을 빌려 그림만으로 이야기를 이끌어가기도 했다. 이런 구성이 책의 일관성을 해치는 것은 아닐까 고민도 했지만, 기왕 얼굴의 해부학을 교실 밖으로 가지고 나온 만큼 딱딱한 강의보다는 친구들과 시시콜콜한 이야기를 나누는 듯한 분위기가 더 자연스러울 것이라고 생각했다. 그렇게 18가지 이야기를 모아 한 권의 책으로 엮었다.

누군가 이 책이 해부학 책이냐고 묻는다면, 솔직히 조금 부끄럽다. 원고를 집필하면서 내가 흉내조차 낼 수 없는 전문적인 콘텐츠와 세련된 일러스트로 단단하게 다져진 풍부한 자료들을 접했기 때문이다. 심지어 요즘은 AI도 멋진 일러스트를 그려낸다. 그래서 프롤로그에 '교실 밖의 해부학, 얼굴뼈 이야기'라는 제목을 달고 도망치듯 책을 마무리했다. 어쩌면 학창 시절 재미와 '묻지 마 암기' 사이에서 어정쩡한 입장을 취했던 실수를 책에서 되풀이하는 것은 아닐까 걱정도 된다. 이해하기 쉽게 쓰려다 보니 너무 가벼워진 부분이 있는가 하면, 내용을 충실히 담으려다 보니 너무 깊이 들어간 부분도 몇 군데

눈에 띄었기 때문이다.

다만, 이 책이 얼굴뼈에 집중한 '국내 최초의 해부 인문 교양서'라는 점은 감히 자신할 수 있다. 뼈를 다룬 해부학 책은 있어도, 얼굴뼈를 중심으로 인간의 삶과 정체성을 풀어간 책은 지금까지 없었다. 이 책은 단순 해부학을 넘어 얼굴이라는 장소가 지닌 정체성, 문화, 감정, 역사적 의미를 탐구하고자 했다.

이 책을 집어 든 독자가 이 분야의 전공자든, 단순히 호기심이 많은 사람이든 상관없다. 얼굴뼈를 통해 세상을 들여다본 것이 생각보다 흥미로웠다고 느낀다면, 이 책을 쓴 목적을 충분히 달성했다고 생각한다. 부디 이 책이 전하려는 이야기가 첫 장을 펼칠 마음을 먹은 분들에게 조금이라도 온전히 가닿기를 바라며, 떨리면서도 설레는 마음으로 첫 이야기를 시작하고자 한다.

2025년 8월

이지호

목차

뇌머리뼈가 사무직이 앉아서 의사결정을 내리는 커다란 오피스라면, 얼굴뼈는 세상과 소통하는 복잡하고 역동적인 현장직에 비유할 수 있다. 현장직이 들려주는 이야기는 언제나 흥미진진하고 역동적이다.

1장

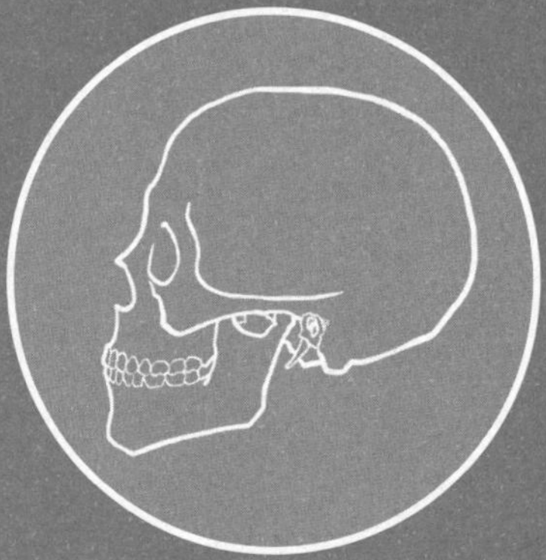

영혼을 담은 수수께끼의 퍼즐,
얼굴뼈

얼굴뼈에는
많은 이야기가 담겨 있다

머리에 뼈가 있는 것은 고등 생물의 특권이다. 모든 척추 동물은 머리뼈를 가지고 있다. 인간은 이 중에서 가장 복잡하고 정교한 머리뼈를 가지고 있다. 머리뼈는 뇌머리뼈와 얼굴뼈로 이루어져 있다. 머리뼈를 옆에서 바라보며 눈썹 끝에서 귓구멍까지 사선을 그어 보자. 선의 위쪽은 뇌머리뼈(뇌두개골neurocranium)이며 아래쪽은 얼굴뼈(안면두개골facial cranium)다. 그리고 우리가 방금 그어놓은 경계선은 뇌머리뼈의 바닥, 즉 두개저skull base라고 한다.

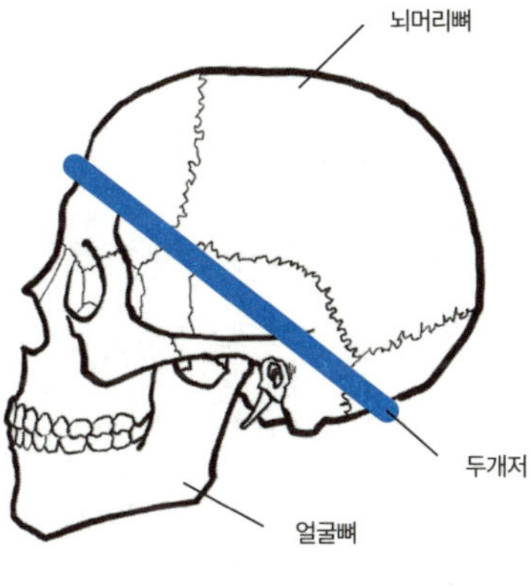

뇌머리뼈와 얼굴뼈의 경계, 두개저

몸의 여러 뼈 중 유달리 단단한 뇌머리뼈는 보호해야 할 뇌를 가지고 있음을 의미한다. 뇌머리뼈를 통과한 중추신경계는 척수로 이어지며, 척추뼈의 보호를 받으면서 온몸을 조율하고 통제한다. 인간의 모든 생각과 행동은 여기에서 나온다. 그렇다면 영혼은 가슴에 있는 것일까, 머리에 있는 것일까? 영혼뿐만 아니라 먹고 마시며, 대화하고 감정을 표현하는 모든 활동이 머리뼈라는 공간에서 이루어진다.

뇌머리뼈의 바닥, 두개저 아래에 얼굴뼈가 있다. 얼굴뼈는 말 그대로 '인간 얼굴의 뼈대'다. 얼굴에는 인간 개인의 개성과 정체성이 담겨 있다. 내 얼굴은 평생 나와 함께하며, 나를 대표하는 존재이자 나라는 사람 그 자체가 된다. 그렇기에 사람들 대부분이 자신의 얼굴에 관심이 많다. 더 매력적으로 보이고 아름다워지기 위해 눈, 코, 입을 중심으로 성형수술을 하거나 치아 교정, 양악수술을 받는 용기를 낸다. 그뿐만 아니라 숨 쉬고, 보고 들으며 말하고, 음식을 섭취하는 등 세상 밖과 소통하는 모든 작용이 얼굴뼈를 거쳐간다. 그런 점에서 얼굴뼈는 가장 인간적인 뼈라고 할 수 있다.

우리 몸을 구성하는 뼈들 중에서 얼굴뼈는 가장 특별하다. 살은 썩어 사라져도 뼈는 오랫동안 남는다. 인간이라는 생명체의 오래된 흔적 속에서, 다른 뼈들은 죽은 자의 파편에 불과할 뿐이다. 심지어 짐승의 뼈와 섞이면 구별이 잘 되지도 않는다. 하지만 얼굴뼈는 뼈 무더기 속에서도 단번에 눈에 띈다. 그리고 생김새만으로도 무엇인가를 말해줄 듯한 표정을 하고 발견자에게 많은 이야기를 해준다. 실제로 샤머니즘 사회에서는 해골을 모셔놓고 부족의 미래를 직접 물어보기도 한다.

얼굴뼈의 전체적인 형태에는 인종과 진화의 과정이 그대로 새겨져 있다. 안구를 담는 안와의 모양, 뇌의 용적, 턱뼈와 치아의 크기와 형태, 광대뼈의 발달 정도 등 모든 것이 수십만, 수백만 년에 걸쳐 누적된 결과물이다. 치아와 턱뼈를 들여다보면 뼈의 주인이 무엇을 먹고 살았으며 어떤 질병으로 고생했는지 알 수 있다. 여기에 법의학 기술을 추가하면 살과 눈, 머리카락 등을 그대로 입힐 수 있다. 이처럼 얼굴뼈는 살아 있을 때의 자신의 이야기를 들려준다.

저작권이 없는 죽음의 상표

얼굴뼈가 특별한 것은 그것이 지니는 상징성 때문이다. 인간이 집단생활을 시작하면서 얼굴뼈는 사람의 뼈 이상의 의미를 가지는 무엇인가로 자리 잡았다. 오랫동안 얼굴뼈는 특별하면서 다양한 것의 상징이었으며, 지금도 다양하게 변주되고 있다. 그중에서 죽음은 얼굴뼈가 가지고 있는 가장 오래된 상징이다. 얼굴뼈만큼 죽음을 직관적이고 명료하게 표현하는 상징은 없을 것이다. 해골 표시 하나만으로 우리는 바로 죽음을 떠올리고, 수많은 해골은 대량 학살, 전염병, 전쟁의 이미지가 된다. 이는 이미 수천 년 전 저작권이 만료되어 누구나 사용할 수 있는 강력한 전달력을 가진 '공짜 상표'다.

메멘토 모리Memento Mori는 '자신의 죽음을 기억하라' 혹은 '언젠가는 죽는다는 사실을 명심하라'는 의미의 라틴어다. 고대 로마에서는 개선장군이 승리의 행진을 할 때 그의 전차 뒤에 함께 탄 노예가 계속 '메멘토 모리'라고 외쳤다. 지금의 영광은 유한한 것임을 상기시키고, 교만에 빠지지 않도록 경고하는 관습이었다. 해골은 메멘토 모리의 대표적인 상징이었다. 인간의 삶이 영원하지 않다는 자각은 기독교 신앙과 연결되었고, 이러한 철학은 유럽 회화에서 반복적으로 등장하는 중요한 주제가 되었다.

죽음이 인간에게 주는 메시지의 8할은 공포다. 겸허함은 덤일 뿐이다. 그렇기에 검은 배경 위에 선명하게 드러난 해골은 '나는, 혹은 우리는 두려운 존재다'라는 강력한 선언과 같다. 이 공짜 상표를 가장 적극적으로 활용한 이들은 해적들이었다. 깃발에 켄터키 할아버지나 족발집 할머니 얼굴을 그려 넣고 해적질을 할 수는 없지 않은가. 특수부대나 범죄 집단이 해골 이미지를 자주 사용하는 것도 같은 이유다. 자신들의 무자비함과 강한 힘을 과시하기 위해 사용하는 것으로 볼 수 있다.

죽은 자의 해골을 의도적으로 모욕함으로써 남아 있는 적들에게 강력한 경고를 보내고 자신의 승리를 과시하는 사례도 있었다. 중국 춘추 시대에서 전국 시대로 넘어가는 시기, 진나라의 권력자 조양자趙襄子는 숙적인 지백智伯을 죽인 뒤 그의 해골로 요강을 만들어 사용했다. 흉노족의 노상선우는 월지月氏의 왕을 살해한 후 그 해골로 술잔을 만들었다. 적의 해골을 다이소 생활용품처럼 활용하는 풍습은 아시아뿐만 아니라 중앙아시아 유목민, 유럽의 슬라브족과 게르만족 등 유라시아 대륙 북부 전역에 걸쳐 광범위하게 퍼져 있었다. 적의 시체를 쌓아 기념물을 만드는 '경관京觀'이라는 행위도 있었다. 이는 승리를 기념하는 차원을 넘어서, 아직 항복하지 않은 적들에게 두려움을 각인시키기 위한 선전의 의도가 깔려 있었다.

오늘날과 같은 문명 사회에서는 적국의 지도자를 잡아 그의 머리뼈로 술잔을 만들거나, 전사한 병사의 시체로 탑을 쌓아 제사를 지내는 일은 더 이상 일어나지 않는다. 그러나 해골은 여전히 죽음과 두려움의 상징으로 남아 있으며, 과거와는 다른 방식으로 그 의미를 유지하고 있다. 과거에는 상대를 위협하는 역할이 컸다면, 지금은 경고의 의미가 더욱 강조되었다. 우리는 해골을 해적 깃발보다는 화학약품이나 독극물을 담는 병에서 더 자주 접한다. 지뢰 매설지역, 유해물질을 배출하는 공장, 실험실의 접근 금지 표지판에서도 해골은 직관적이고 강력한 메시지를 전달하는 이미지로 여전히 활용되고 있다.

다양하게 변주되는 얼굴뼈의 상징성

지난 수천 년간 인간은 단순하면서도 강력한 죽음의 디자인을 무료로 잘 사용해왔다. 시간이 흐르면서 이 단단한 상징성은 조금씩 깎여나갔다. 사람들은 해골에 종교적 의미와 생명의 가치를 불어넣기 시작했다. '언젠가 죽음을 맞이할 것을 기억하라'는 '메멘토 모리'는 인간의 유한함을 인정하는 것에서 한 걸음 더 나아가, 점차 기독교적 가치에 대한 순종으로 발전했다. 이러한 사상적 변화 속에서 르네상스 시대부터 해골은 다양한 예술작품의 소재로 활용되었다.

네덜란드에서 유행하기 시작한 바니타스Vanitas는 정물화의 한 장르다. 해골을 중심으로 꽃, 썩은 과일, 연기, 낡은 책, 모래시계 등을 함께 배치해 다가오는 죽음은 피할 수 없으며 인생이 허무함을 표현했다. 흥미롭게도 바니타스라는 단어는 공허함을 뜻하는 라틴어 바누스Vanus에서 유래했다. 당시 중세 유럽은 흑사병과 30년 전쟁의 상처가 아직 아물지 않은 시기였다. 죽음을 상징하는 해골이 정물화의 단골 소재가 된 것은 어쩌면 당연한 일인지도 모르겠다.

종교적 관점에서 죽음과 생명은 분리된 개념이 아니었다. 회화와

'메멘토 모리'를 소재로 한 정물화의 한 장르 '바니타스'

조각에서 두 마리의 뱀이 해골 주위를 휘감거나 텅 빈 안와(눈구멍)를 통과하는 장면도 좋은 소재가 되었다. 한 마리의 뱀이 독을 뿜으며 죽음을 상징했다면, 다른 한 마리는 끊임없이 허물을 벗음으로써 새로워지는 부활을 상징했다. 이제 해골은 죽음과 공포의 전형에서, 생명과 연결된 좀 더 복합적인 상징물로 변화하기 시작했다. 한국의 무속신앙에서 해골은 중요한 역할을 한다. 한반도의 전라도, 제주도, 함경남도 일대에 전해 내려오는 연명형 서사무가敍事巫歌는 굿판에서 무당이 구연하는 일종의 설화다. 여기서 해골은 단순한 죽음의 상징이 아니라, 주인공의 수명을 연장하거나 부자로 만들어주는 조력자 역할을 한다.

해골은 점차 단순한 죽음의 상징을 넘어, 마지막 순간까지 함께하는 사랑의 상징으로 확장되었다. 16세기부터 유럽에서는 결혼반지에 사랑을 맹세하는 글귀와 함께 해골을 새겨 넣는 것이 유행했다. 결혼을 앞둔 연인들은 유한한 인생이지만 죽음의 순간까지 함께하겠다는 증표로 결혼반지에 해골을 새겨 넣었다. 당시 사람들은 해골을 '메멘토 모리'로서의 의미보다, 이미 세상을 떠난 사랑하는 사람에 대한 그리움의 표시로 사용하기도 했다. 추모 반지에 해골을 새긴 다음, 뒷면에 죽은 사람의 이름과 떠나간 날을 적고 머리카락을 넣었다.

근대로 갈수록 죽음은 더 이상 슬픔과 그리움만으로 채워진 이벤트가 아니었다. 멕시코 사람들은 자신들의 명절인 '망자의 날Día de los Muertos'(11월 1~2일)에 세상을 떠난 가족과 친구를 기억하며 명복을 빈

세상을 떠난 이들을 기리는 멕시코 축제 '망자의 날'

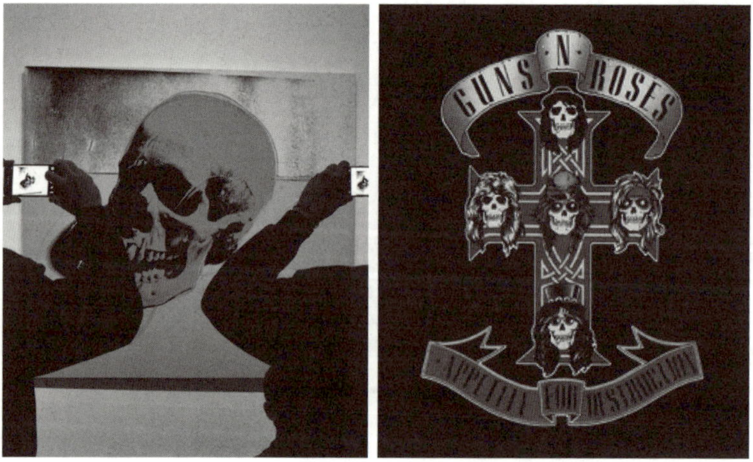

앤디 워홀의 해골 팝아트와 건즈 앤 로지스의 데뷔 앨범 「애피타이트 포 디스트럭션」

다. 하지만 이날은 단순히 음울한 제삿날이 아니다. 사람들은 핼러윈을 연상시키는 다양한 모습의 해골 분장을 하고 거리로 쏟아져 나온다. 설탕과 초콜릿으로 익살스러운 해골 모형을 만들어놓고, 사람들은 웃고 떠들며 즐긴다. 죽은 사람을 기리는 것이 분명하지만, 떠들썩하고 분주한 것이 영락없는 축제다. 2015년 개봉한 영화 「007 스펙터」는 '망자의 날' 축제 장면으로 시작된다. 주인공 제임스 본드는 혼잡한 축제 인파 속에서 악당을 쫓으며 멋진 액션 장면을 보여준다. 영화가 흥행하면서 축제도 덩달아 유명해지는 바람에 2016년부터 '망자의 날'은 멕시코 정부에서 관광객 유치를 위해 직접 지원하는 대형 행사로 자리 잡았다.

축제의 아이콘으로 진화한 해골은 이제 문화 전반의 상징으로 영역을 확장했다. 1960년대 팝아트의 부상을 시작으로 해골은 권위에 대한 도전, 형식의 파괴, 반항의 대표적인 이미지로 자리 잡았다. 팝아티스트 앤디 워홀Andy Warhol(1928~1987)은 1968년 함께 작업하던 지인이 쏜 총에 맞아 죽을 뻔한 위기를 겪었다. 이 사건의 영향인지, 이후 그는 해골을 소재로 한 특유의 워홀 스타일 작품들을 선보였다.

헤비메탈 밴드의 앨범 재킷, 만화영화, 이모티콘 등에서도 해골은 다양하게 활용되고 있다. 1980년대와 1990년대 미국 하드록의 대명사인 건즈 앤 로지스GUNS N' ROSES의 데뷔 앨범 「애피타이트 포 디스트럭션Appetite for Destruction」(1987)은 록 음악 역사에서 지금까지 회자되는 명반이다. 단순히 일개 록밴드가 발매한 한 장의 음반을 넘어 당시 대중문화를 대표하는 기념비가 되었다. 이 앨범의 표지를 들여다보면, 십자가를 중심으로 해골이 된 멤버들의 얼굴이 배치되어 있다. 이들은 담배를 물거나 선글라스를 끼고 모자를 쓰는 등 나름의 개성을 표현하고 있다. 그런데 음울한 죽음의 공포를 환기시키기보다는, 오히려 반항적이면서도 익살스럽다. 이처럼 20세기 말부터 해골 이미지는 대중문화에서 다양하게 변주되어 사용되었다.

이제는 명품 가방과 옷에서 해골 표시를 보는 것이 조금도 이상하지 않다. 해골 마크가 박힌 값비싼 골프 웨어를 착용하고 '메멘토 모리'를 떠올리며 겸허하게 필드에 나가는 사람은 없다. 해골은 이제 TV에서 개그 소재로 사용되거나 버라이어티쇼의 자막에 삽입되어 재미를 더하는 양념과 같은 이미지가 되었다. 현대인은 더 이상 해골을 과거만큼 무서워하지 않는다.

영혼을 담은 신비한 퍼즐

사람들은 누군가를 떠올릴 때 그 사람의 팔다리가 어떻게 생겼는지, 뚱뚱한지 말랐는지보다는 먼저 얼굴을 떠올린다. 머리뼈 속의 뇌가 지배하는 사고방식과 정신세계가 개인을 정의하는 중요한 요소이기는 하지만, 그 사람을 처음 떠올릴 때는 이목구비와 표정, 목소리, 말투 등을 먼저 연상한다. 성격과 생각의 차이는 어느 정도 시간이 지난 뒤, 그 사람을 다시 떠올릴 때 더욱 깊이 드러나는 본질적인 정체성이 된다.

뇌머리뼈 속의 뇌와 그로부터 비롯되는 생각과 정신이 한 사람의 보이지 않는 내면의 얼굴이라면, 얼굴뼈와 그 위를 감싸는 근육, 피부, 눈, 코, 입, 치아는 겉으로 드러난 외면의 얼굴이라고 할 수 있다. 그렇기에 머리뼈는 단순한 뼈의 집합체 이상의 의미를 가진다. 22개의 뼈가 오밀조밀 결합된 신비한 퍼즐이다. 지금도 약 80억 명의 사람들이 각자의 퍼즐을 몸 위에 붙이고 지구 위를 돌아다닌다.

이는 마치 우리 인생을 느리게 녹화하는 블랙박스나 바디캠과 같다. 인종이나 선천적으로 물려받은 유전적 특징은 바꿀 수 없지만, 평생의 식습관, 앓았던 질병, 부상 혹은 얼굴에 받은 성형수술 등은 머리뼈에 흔적으로 새겨진다. 죽은 후 근육, 피부, 안구, 머리카락 등은 사라지지만 뼈에 새겨진 흔적은 오랫동안 남아 있다. 이 머리뼈 블랙박스는 인류학이나 고고학에서는 소중한 연구자료가 되기도 하며, 범죄 수사나 대형 사고에서는 개인 식별에 중요한 법의학적 역할을 한다.

머리뼈라고 하면 뇌머리뼈와 얼굴뼈를 모두 포함하지만, 뇌에 대한 이야기는 그 자체로 방대하고 여전히 미지의 영역이 많다. 그래서 우리가 흔히 얼굴이라고 인식하는 얼굴뼈를 좀 더 자세히 들여다보려고 한다. 단순히 해부학 이야기를 하는 책들은 이미 많이 나와 있으므로, 여기서는 오랜 역사를 통해 인간이 먹고 마시며 말하고 숨 쉬며 울고 웃어온 이야기를 얼굴뼈를 통해 되짚어보도록 하자.

뇌머리뼈가 사무직이라면, 얼굴뼈는 현장직이다

50이 넘은 어른이라면 어린 시절 TV에서 「마징가 Z」를 본 기억이 있을 것이다. 반박할 수 없는 전설적인 만화영화이기에 「마징가 Z」를 본 적은 없어도 모르는 사람은 거의 없을 것이다. 머리뼈를 뇌머리뼈와 얼굴뼈로 나누다 보니 문득 「마징가 Z」가 떠오른다. 주인공 쇠돌이는 마징가 Z를 조종하기 위해 소형차만 한 비행체 '호버파일더'에 탑승한 다음 마징가 Z의 머리에 합체한다. 쇠돌이와 합체하기 전 마징가 Z의 머리는 텅 비어 있다. 무적의 로봇도 조종사가 없으면 그냥 고철 덩어리에 불과하다. 가끔 마징가 Z는 호버파일더와 합체하기 바로 직전을 노린 적에게 공격당해 위기에 빠지기도 한다.

만화영화 「마징가 Z」 포스터

공교롭게도 마징가 Z의 얼굴을 정면에서 들여다보면 인간의 머리뼈와 무척 닮아 있다. 「마징가 Z」의 원작자인 일본 만화가 나가이 고永井豪가 의도한 것인지 모르겠지만, 마징가 Z의 얼굴은 눈이 무섭게 찢어지고 뇌머리뼈는 위로 활짝 터진 화난 해골의 모습을 하고 있다. 게다가 흥미롭게도 마징가 Z의 머리는 사람처럼 뇌머리뼈와 얼굴뼈가 확실하게 구분된다. 호버파일더는 일종의 뇌다. 쇠돌이가 탄 비행체가 비어 있는 뇌머리뼈 공간에 합체해야 비로소 조종사와 동일한 인격을 가진 무적의 로봇이 작동을 시작한다. 무시무시한 표정은 시종일관 변화가 없지만, 탄탄한 특수합금으로 만들어진 마징가 Z의 얼굴은 얼굴뼈 그 자체다.

이렇게 사람이 로봇의 머리에 앉아 뇌 역할을 하는 설정을 처음 도입한 만화영화는 마징가 Z가 최초다. 나가이 고는 뇌머리뼈를 통해 정신세계를, 얼굴뼈를 통해 정체성을 지닌 인간의 작동 원리가 그대로 투영된 살아 있는 로봇 캐릭터를 창조하려고 했을지도 모르겠다.

머리뼈는 정면으로 마주하면, 단순히 하나의 뼈로 보일 수도 있다. 하지만 머리뼈는 14종류의 22개 뼈들이 서로 결합된, 우리 몸에서 가장 복잡한 뼈들의 집합체다. 마징가 Z의 화난 듯한 얼굴도 하나의 금속 덩어리 같아 보이지만 가까이 가서 보면 여러 개의 철판을 이어 붙인 복합 구조다. 결국 인체 206개의 뼈 중 1/10 이상이 머리뼈에 몰려 있다. 이것들은 한번 분해하면 다시 조립하기 쉽지 않은 일종의 3D 퍼즐이다.

22개의 뼈 중 6종류, 총 8개의 뼈가 뇌머리뼈에 속한다. 뇌머리뼈는 뇌를 담고 보호하는 역할을 하는 일종의 단단한 상자다. 상자 역할을 하는 이들 뼈의 구조는 얼굴뼈에 비해 상대적으로 단순하다. 그렇다고 뇌머리뼈들이 단순히 네모 반듯한 택배상자처럼 생기지 않은 것은 다들 알고 있다. 뇌머리뼈는 둥근 구형에 가깝다. 하지만 바닥은 평평하며 이마뼈, 나비뼈, 관자뼈, 뒤통수뼈, 벌집뼈가 서로 결합하여 구성된다. 이 바닥이 두개저이며 수많은 구멍들이 복잡하게 뚫려 있다. 얼굴뼈를 포함해 신체의 다른 부위들이 뇌와 소통하려면 수많은 신경과 혈관이 이를 통과해야 하기 때문이다.

이제 우리가 얼굴 하면 떠올리는 거의 모든 것은 얼굴뼈에 있다. 눈, 코, 입, 귀와 같이 얼굴이 바깥세상과 소통하는 대부분의 통로가 여기에 모여 있다. 먹고, 말하고, 표정을 짓고, 울고, 웃고, 숨 쉬는 모든 것이 얼굴뼈 위에서 일어난다. 이러한 기능을 위해 8종류, 14개의 뼈들이 얼굴뼈를 구성한다.

나는 다양한 얼굴뼈 골절 환자를 수술하는 구강악안면외과 의사다. 단순 골절부터 얼굴뼈가 산산조각 난 환자에 이르기까지 얼굴뼈 골절은 상황에 따라 다양하다. 큰 사고를 당해 얼굴뼈가 어지럽게 부서진 환자들은 불행 중 다행으로, 뼛조각 대부분을 잃지 않고 병원에 도착하는 경우가 많다. 얼굴 피부가 뼈를 감싸 보호하고 근육들이 견고하게 붙들고 있기 때문이다. 수술실에 들어서면 마치 어지럽게 흩어진 레고 블록을 가죽 부대에 담아와서는 한번 맞추어보라고 하는 것 같다. 물론 퍼즐의 조립 설명서는 따로 없다. 해부학적 지식에 의지해 하나씩 하나씩 조각을 맞추고 스크류와 플레이트로 고정해나가면 된다. 수개월 후, 조각들 사이를 건강한 뼈들이 다시 채우면 환자는 원래 모습과 기능을 회복하고 일상으로 돌아간다.

하지만 뇌머리뼈를 다치는 것은 얼굴뼈와 비교할 수 없을 정도로 심각하다. 수술은 더욱 긴급하게 이루어져야 하며, 경우에 따라 수술이 불가능할 수도 있다. 뇌머리뼈는 상대적으로 단순한 퍼즐과 같지만, 그 안에 생명의 핵심인 뇌를 담고 있다. 호버파일더와 합체할 수 없다면 마징가 Z는 단순한 고철 덩어리에 불과하다. 이처럼 뇌머리뼈를 심하게 다치면 그 사람을 위해 해줄 수 있는 것이 별로 없다. 다행히 얼굴뼈는 상대적으로 덜 치명적인 덕분에 뇌머리뼈에 비해 인간이 개입할 여지가 훨씬 많다. 그래서 인간은 오랜 시간 얼굴뼈, 이를 감싸는 피부와 근육으로 형성된 얼굴에 많은 관심을 가져왔다. 얼굴뼈에 의미를 부여하고 그 위에서 발생하는 각종 질병과 맞서 싸우며, 나아가 '감히' 얼굴뼈 자체를 변화시키고자 노력해왔다.

뇌머리뼈가 사무직이 앉아서 의사결정을 내리는 커다란 오피스라면, 얼굴뼈는 세상과 소통하는 복잡하고 역동적인 현장직에 비유할 수 있다. 현장직이 들려주는 이야기는 언제나 흥미진진하고 역동적이다. 이제 우리의 정체성과 소통, 생명 유지를 담당하는 현장직의 흥미로운 이야기에 귀를 기울여보자. 해부학 교실 바깥에서 펼쳐지는 인간의 삶의 이야기로 말이다. 해부학 교실을 넘어, '인간의 삶 속에서 펼쳐지는 얼굴뼈 이야기'를 함께 탐험해보자.

머리뼈 3D 퍼즐 설명서

	뇌머리뼈 (뇌두개골neurocranium)	얼굴뼈 (안면두개골facial cranium)
특징	뇌를 담아서 보호하는 상자. 아랫부분은 두개저를 형성하며 혈관과 신경을 통과시키기 위한 수많은 구멍이 있다.	얼굴의 바탕이 되는 뼈. 눈, 코, 입을 구성하고 언어와 소화 기능, 호흡 기능을 수행한다.
구성요소	1 이마뼈(전두골frontal bone) 2 마루뼈(두정골parietal bone) 3 관자뼈(측두골temporal bone) 4 뒤통수뼈(후두골occipital bone) 5 나비뼈(접형골sphenoid bone) 6 벌집뼈(사골ethmoid bone)	7 위턱뼈(상악골maxilla) 8 아래턱뼈(하악골mandible) 9 입천장뼈(구개골palatine bone) 10 광대뼈(관골zygoma) 11 코뼈(비골nasal bone) 12 눈물뼈(누골lacrimal bone) 13 선반뼈(하비갑개inferior nasal concha) 14 보습뼈(서골vomer)

이마뼈, 관자뼈, 뒤통수뼈, 나비뼈, 벌집뼈는 뇌바닥, 즉 두개저를 구성한다.

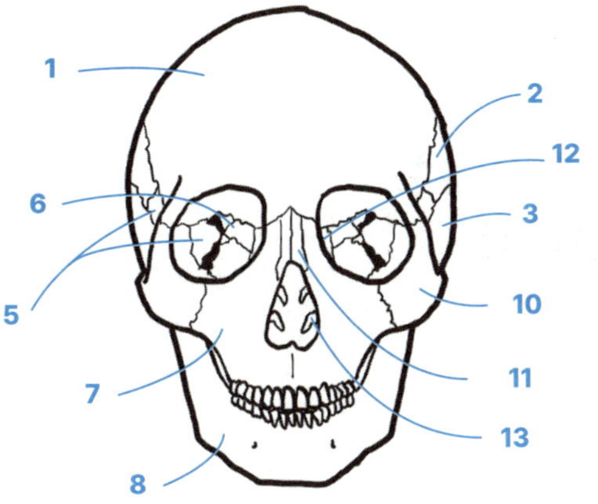
1
2
12
6
3
5
10
11
7
13
8

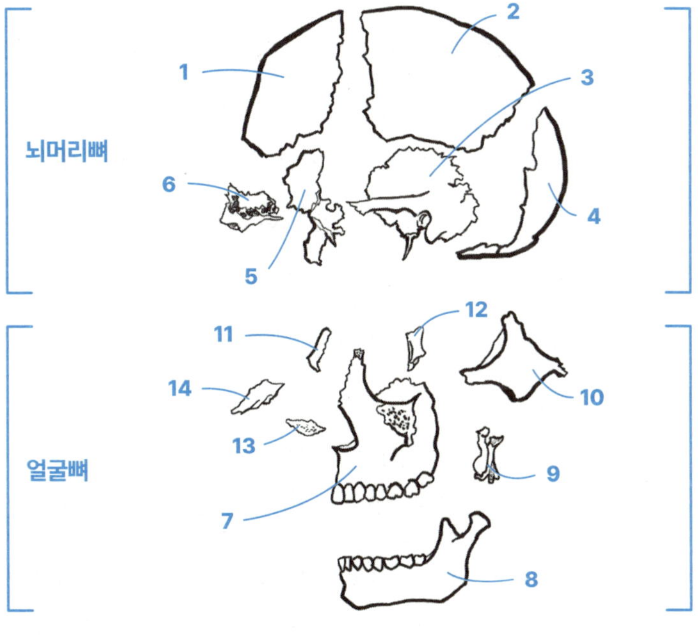
뇌머리뼈
1
2
3
6
4
5
얼굴뼈
11
12
14
10
13
9
7
8

얼굴뼈의 강남
아래턱뼈

코로나가 한창 유행하던 시기에 '마기꾼'이라는 신조어가 유행했다. '마기꾼'은 '마스크 사기꾼'의 줄임말이다. 사람들 대부분이 마스크를 쓴 상대의 눈만 보고 매력적일 거라고 기대했다가, 상대방이 마스크를 벗은 모습을 보고 예상과 달라 놀란 경험이 한 번쯤은 있을 것이다. 아래턱뼈가 얼굴에서 차지하는 비중은 해부학적으로 대략 1/3이다. 하지만 마스크를 쓰고 있을 때를 제외하면 아래턱은 얼굴의 전반적인 분위기를 지배한다.

네모진 턱을 바꾸기 위해 사람들은 깨물근(교근Masseter Muscle)에 식중독균(보톡스)을 주사하기도 하고, 그것으로 해결이 안 되면 톱으로 턱뼈를 썰어내기도 한다. 갸름한 턱은 확실히 부드럽고 매력적인 인상을 준다. 아래턱의 발달 정도에 따라서 사람의 얼굴은 확연히 달라진다. 130년 전 미국의 치과 교정과 의사 앵글Edward Hartley Angle(1855~1930)은 자신의 이름을 딴 부정교합 분류법을 만들었다. 오늘날까지 이 분류법이 사용되고 있으며, 치열뿐만 아니라 턱뼈의 발달 정도를 분류하는 방법으로 확장되었다. 일반적으로 아래턱이 과하게 발달하면 3급 골격성 부정교합, 발달이 부족하면 2급 골격성 부정교합으로 분류한다. 3급은 주걱턱이나 긴 얼굴을 떠올리면 되고, 2급은 무턱을 떠올리면 쉽게 이해할 수 있다. 참고로 1급 부정교합은 턱의 전후 관계는 정상이지만 치열이 고르지 못한 경우를 의미한다.

유전적인 요인도 주걱턱 발달에 한몫했다. 근친결혼이 많았던 유럽 합스부르크 왕가 사람들에게 주걱턱이 많이 보이는 것은 유명한 이야기다. 아예 주걱턱을 '합스부르크 턱'이라고 부르기도 한다. 약간의 주걱턱은 고급스럽고 품위 있는 인상을 줄 수 있지만, 심한 경우

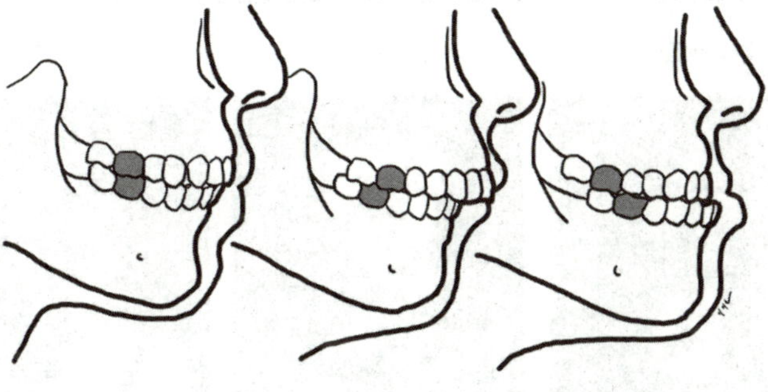

부정교합의 분류와 턱의 형태. 그림에서 색칠된 첫 번째 어금니의 위치와 배열에 따라 턱의 전후 관계 차이가 두드러지게 나타난다.

외모뿐만 아니라 기능적인 문제도 발생한다. 앞니가 완전히 맞물리지 않아 국수를 끊어먹기 어렵거나 발음에 영향을 줄 수도 있다. 반대로 무턱은 아래턱이 위턱에 비해 덜 발달해서 부드러운 인상을 준다. 심하면 주걱턱과 마찬가지로 앞니가 다물어지지 않는다. 만화 캐릭터처럼 다소 우스꽝스러운 인상을 줄 뿐만 아니라, 주걱턱과 마찬가지로 음식 섭취와 발음에도 영향을 미친다. 이는 위턱과 아래턱뼈의 상대적인 위치 문제로, 단순한 치아 교정만으로 해결할 수 없다.

막시밀리안 1세

카를로스 2세

필립 2세

레오폴트 1세

필립 4세

카를 5세

유전적인 요인으로 주걱턱이 발달한 합스부르크 왕가

턱 자체를 이동시키지 않으면 개선이 어려웠기 때문에 과거에는 어쩔 수 없이 받아들여야 하는 운명과 같은 것이었다.

합스부르크 왕가의 주걱턱 왕족들 초상화에서 엿보이는, 무표정하거나 약간 우울한 표정은 그러한 운명을 체념한 듯한 느낌을 준다. 하지만 사람들은 포기하지 않았다. 턱뼈를 잘라서 부정교합을 해결하는 수술 방법을 개발하기 시작했다. 아래턱의 양쪽 뒷부분을 쪼개서 앞쪽 뼈를 분리한 뒤, 위턱뼈도 떼어내 이상적 위치에 맞춘 다음 다시 고정하는 수술 방법이었다. 듣기만 해도 살벌한 이 수술은 악교정 수술, 일명 양악수술이다. 얼굴뼈는 주변에 혈관이 많이 지나가고 중요한 신경도 여럿 분포해 있다. 턱뼈는 기도, 즉 입과 코로 숨쉬는 통로를 만든다. 위아래 턱뼈를 동시에 잘라내서 원하는 위치에 다시 고정하는 것은 그만큼 위험한 수술이고, 현재도 수술 전후에 각별한 주의가 필요하다.

하지만 위험한 만큼 수술의 효과는 극적이었다. 음식을 제대로 씹을 수 있는 기능적 정상화는 기본이고 부수적으로 따라오는 외모의 개선은 당사자를 완전히 다른 사람으로 만들어놓는다. 특히 주걱턱 환자의 경우 위턱과 아래턱의 위치가 입체적으로 변하므로 길었던 얼굴이 짧아지고, 수술 전보다 부드럽고 어려 보이는 인상으로 바뀐다. 이처럼 얼굴이 드라마틱하게 바뀌는 효과 덕분에, 한국에서도 2000년대 후반 연예인들을 시작으로 양악수술이 유행처럼 번졌다. 턱 위치의 변화가 개인에게 미치는 영향은 그만큼 엄청났다.

단순한 것은 강하다, 에일리언 vs 프레데터

강력한 우주괴물 에일리언, 외계에서 온 인간 사냥꾼 프레데터. 둘 다 공상과학 영화의 고인물이라고 할 만한 유명한 캐릭터다. 각자 시리즈가 꾸준히 나오고 있으며, 심지어 사람들은 둘이 싸우면 누가 이길까 궁금증을 품어왔다. 그 결과 「에일리언 vs 프레데터」가 외전으로 잊을 만하면 한 편씩 개봉한다.

갑각류 껍질 같은 강력한 외피, 금속도 녹이는 산성 혈액, 무시무시한 수십 개의 날카로운 이빨, 단 한 마리만으로도 주인공을 제외한 등장인물 대부분을 몰살시키는 무시무시한 괴물이 바로 에일리언이다. 근육질의 육체와 투명하게 몸을 감추는 은폐술, 각종 첨단 무기

에일리언은 강력한 턱을, 그것도 두 개씩이나 가지고 있다. 반면 프레데터는 덩치와 어울리지 않게 사람보다도 작은 턱을 가지고 있다.

로 무장한 외계인 프레데터와 이 괴물의 싸움은 흥미진진하지만 거의 예측 가능한 결말을 보여준다. 무기를 모두 잃은 맨몸의 프레데터는 에일리언 앞에서 속수무책으로 약한 모습을 보여주기 때문이다.

가면을 벗은 프레데터의 얼굴, 특히 턱을 보면 겉에 커다란 송곳니가 있지만 입과 치아 자체는 평범한 인간보다 소박하다. 그에 비해 크고 단순하게 생긴 강력한 아래턱과 거기에 수십 개의 치아가 박혀 있는 에일리언은 희생자를 고깃덩어리처럼 씹어 삼킨다. 입속에 또 하나의 입이 들어 있는 건 덤이다. 턱을 이용해 적을 공격하는 능력만 놓고 보면, 프레데터는 에일리언의 상대가 될 수 없다. 그래서인지 프레데터의 장비가 무력화되면 영화는 급속도로 재미가 반감된다.

에일리언만큼은 아니지만, 인간의 아래턱도 만만치 않다. 얼굴뼈 중 가장 크고 튼튼하며, 아래턱에 붙어 있는 저작근 덕분에 최대 평방 센티미터당 20킬로그램의 압력을 만들어낸다. 대략 어금니 하나의 표면에 어린아이 한 명이 올라서서 누르는 힘과 맞먹는다. 인간은 육식에 살짝 치우친 잡식성이다. 아래턱을 이용해 질긴 고기와 섬유질이 많은 음식을 씹어서 소화시킨다. 그 덕분에 튼튼한 육체와 뛰어난 지능을 갖추며 먹이사슬의 우위에 설 수 있었다. 프레데터 같은 빈약한 아래턱을 가지고 있었다면, 인간이 지금처럼 세상을 지배할 수 있었을지는 의문이다.

사람의 해골을 들여다보면 22개의 뼈들이 하나로 붙어 있는 것처럼 보인다. 그러나 실제로 유일하게 분리된 뼈가 있는데, 그것이 바로 아래턱뼈다. 말발굽 형태의 아래턱뼈는 얼굴을 3등분했을 때 아래쪽 1/3을 차지한다. 아래턱뼈는 머리뼈에서 독립적으로 존재한다. 살아 있는 사람의 경우, 아래턱뼈는 근육과 인대로 둘러싸인 턱관절을 형성해 머리뼈와 연결된다. 이렇게 해서 하나의 얼굴이 완성된다.

턱관절은 아래턱뼈를 회전시키는 중심축 역할을 하며, 음식을 씹거나 말하는 아래턱 운동의 핵심이다. 입을 최대한 벌리면 아래턱은 단순한 회전운동을 넘어 앞쪽으로 전진하게 되는데, 이때 한계를 넘어서면 관절이 탈구되어 턱이 빠질 수 있다. 하품하다가 턱이 빠져 응급실에 찾아오는 사람들이 바로 이런 경우다.

턱관절은 우리 몸에서 독특한 구조를 가진 관절이다. 우리 몸의 모든 관절은 좌우 대칭으로 존재하지만 서로 독립적으로 움직인다. 하지만 턱관절은 하나의 아래턱뼈에 좌우가 연결되어 있다. 위쪽에서 턱관절과 저작근육이 아래턱뼈를 두개골 쪽으로 당기고, 아래쪽에서는 목 근육들이 반대로 당기면서 균형을 잡는다. 이러한 구조 덕분에 아래턱뼈는 마치 공중에 떠 있는 듯한 상태를 유지한다.

위턱뼈와 비교하면 아래턱뼈는 구조적으로 아주 튼튼하다. 치밀하고 두꺼운 뼈가 겉표면을 구성하고 내부는 그물 모양의 부드러운 뼈로 이루어져 있다. 아래턱뼈는 말발굽을 닮은 U자 형태의 몸체를 가지고 있으며, 양쪽 끝이 위로 뻗어나가 가지처럼 갈라진다. 이 부분을 '아래턱 가지(하악지)'라고 하며, 끝부분은 전구 모양의 관절뼈를 형성한다. U자 형태의 몸체에는 사랑니를 포함해 총 16개의 치아가 박혀 있다. 이 치아들이 위턱뼈에 있는 16개의 치아와 서로 맞물려서 음식을 씹을 수 있다.

치아를 생략하고 아래턱뼈를 단순화시켜보면 긴 순대를(물론 겉은 호두껍질보다 단단하다) U자로 구부려놓은 형태와 닮았다. 겉은 단단하고 안은 부드러워서 단단하면서도 유연한 성질을 동시에 가질 수 있다. 이런 구조 덕분에 음식을 씹을 때 발생하는 강력한 저작력을 흡수하면서 외부 충격도 어느 정도 견딜 수 있다. 아래턱뼈는 얼굴의 1/3을 구성하고 상대적으로 돌출되어 있는 부위라서 스포츠 활동, 폭행, 사고 등의 외부 충격에 자주 노출될 수밖에 없다. 그래도 이런 유연한 구조 덕분에 충격을 어느 정도 흡수할 수 있다. 물론 한계 이상의 충격에는 부러질 수밖에 없다.

아래턱뼈는 주로 턱뼈 중앙이나 좌우 측면의 몸체 부위에 충격을 자주 받는다. 영화 속 격투 장면을 떠올려보면, 사람들이 상대의 얼굴을 가격할 때 주로 이 부위를 향해 주먹을 날리는 것을 볼 수 있다. 충격이 가해지면 먼저 맞은 부위가 1차적으로 힘을 흡수하고, 이후 턱뼈 전체로 힘이 전달된다. 아래턱뼈는 속이 부드러운 튜브 형태라서 2차적으로 충격을 턱뼈에 골고루 분산시킨 후 마지막으로 턱뼈의 끝인 턱관절 부위까지 전달한다. 이 때문에 턱뼈가 골절된 환자들은 일차적으로 충격을 받은 부위가 먼저 골절되고, 강한 충격이 가해졌을 경우 턱뼈의 가장 얇은 부위인 턱관절 부위에 추가적인 골절이 생길 수 있다.

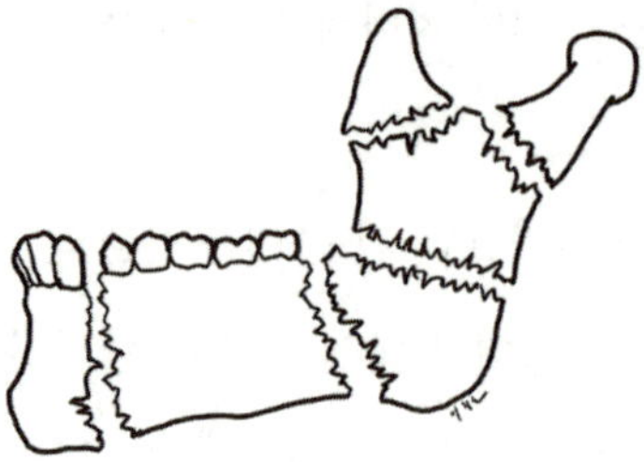

아래턱뼈 골절의 패턴

드물게는 1차 충격 부위에 골절이 없는 경우도 있지만, 나중에 CT 촬영을 해보면 턱관절이 골절되어 있는 경우도 있다. 특히 앞으로 넘어지면서 턱뼈 중앙을 부딪히면 양쪽 턱관절이 부러질 수도 있다. 또한 사랑니가 깊이 매복되어 있는 사람은 해당 부위의 뼈가 상대적으로 얇아서, 사랑니를 따라 골절이 발생하기도 한다.

턱뼈를 위로 당기는 저작근, 즉 씹는 근육은 기본적으로 4개의 근육으로 이루어져 있다. 측두근은 관자놀이에서 내려와 턱뼈가지에 붙고, 교근은 광대뼈에서 시작해 턱뼈가지 바깥쪽에 붙는다. 내측 익돌근과 외측 익돌근은 위턱뼈에서 시작해 턱뼈가지 안쪽과 턱관절에 붙는다. 저작근이 작용할 때 턱뼈는 단순히 위로 당겨지는 것이 아니라 위쪽, 옆쪽, 앞쪽 등 입체적으로 움직인다. 그 덕분에 우리는 식사할 때 앞니로 끊어먹고, 송곳니로 찢어먹으며, 어금니로 갈아먹는 등 다양한 동작이 가능하다.

근육이 발달한 남자는 근육질, 짐승남 등으로 불리며 매력적인 이미지를 어필한다. 근육은 사용하면 할수록 발달한다. 근육이 붙는 뼈도 함께 발달한다. 저작근도 마찬가지다. 하지만 저작근이 발달했다고 해서 근육질, 짐승남이라고 부르지는 않는다. 매력적인 이미지와는 거리가 있다. 원시 시대에는 지금처럼 가공된 음식이 아니라 날것이나 거친 식품을 먹었기 때문에, 한 끼 식사에도 턱을 쉴 새 없이 움직여야 했다. 저작근이 발달하는 것은 당연하다. 그래서 발굴된 원시 시대 유골의 아래턱뼈들을 살펴보면 현대인보다 두껍고 저작근도 훨씬 발달되었음을 알 수 있다. 현대인에 비해 사랑니도 상대적으로 제자리에 나 있으며 치아들의 교합면은 많이 닳아 있다.

잘 조리된 부드러운 음식을 먹는 현대인은 자연스럽게 저작근이 덜 발달하고, 턱도 상대적으로 갸름해졌다. 작아진 턱은 성인이 되어서야 올라오는 사랑니를 위한 공간을 배려해주지 않았다. 그래서 대부분의 현대인에게 매복된 사랑니가 있는 것은 흔한 현상이 되었다. 그리고 튼튼한 턱과 발달된 저작근으로 인해 생긴 사각턱은 현대인의 기준에서 매력적인 외모를 원하는 사람에게는 고민거리가 되었다. 이런 사람들이 의사를 찾아와 식중독균을 자신의 저작근, 특히 교근에 주사해달라고 하는 것은 전혀 이상한 일이 아니다.

식중독균, 즉 보툴리누스균이 생산하는 독으로 만든 주사제가 보툴리눔 톡신, 바로 보톡스Botox다. 두꺼운 교근에 주사하면 근육이 마비되면서 위축되므로 근육이 발달해서 생긴 사각턱에 효과가 있다. 사실 보톡스는 햄이나 통조림 등 밀폐된 곳에 장기간 보관된 음식에서 발견되는 클로스트리듐 보툴리눔Clostridium botulinum이라는 세균이 분배하는 독소를 질병 치료에 적용한 것이다. 1973년 미국의 안과의사 앨런 스콧Alan B. Scott(1932~2021)이 원숭이를 대상으로 한 동물 실험에서 안구를 움직이는 근육을 보톡스로 약화시킬 수 있다는 것을 발견했다. 이후 사시 치료에 응용하면서 우연히 주름 개선에 효과가 있다는 사실도 알게 되었다.

보톡스는 2002년 미간 주름 개선을 위한 미용 목적으로 FDA의 승인을 받았으며, 이후 다른 부위의 주름 개선뿐만 아니라 다양한 의학적 목적으로 사용되고 있다. 근육 발달로 인해 발생하는 사각턱을 교근 비대증masseter muscle hypertrophy이라고 한다. 보톡스는 1990년대 이후 다양한 임상 실험을 통해 근육 발달로 생긴 사각턱의 주요 치료 방법으로 자리 잡았다.

하치조신경의 구조적 숙명

아래턱뼈의 거의 대부분을 관통하는 커다란 신경이 하나 있다. 바

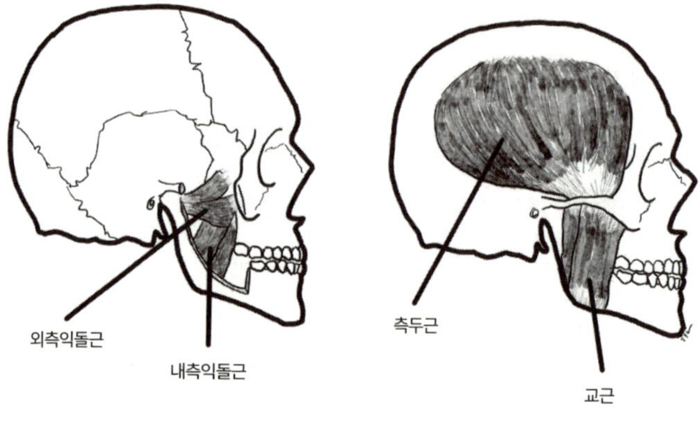

아래턱뼈에 붙어 있는 저작근들

로 하치조신경inferior alveolar nerve이다. 뇌에서 출발한 이 신경은 두개골을 뚫고 나와서 턱관절 부위 아래에 만들어진 입구를 통해 아래턱뼈로 들어간다. 하치조신경은 턱뼈의 몸체를 주행하다가 작은 어금니 뿌리 아래에서 출구를 만들고 입술 밑 근육으로 진행한다. 그 과정에서 아래턱뼈의 치아, 잇몸, 입술과 입술 아래 피부의 감각을 전달한다.

하치조신경은 치과의사를 집요하게 괴롭혔다. 양악수술에서 아래턱뼈를 절단하는 방식도 이 신경을 피하는 방향으로 고민해야 했다. 아래턱뼈 임플란트 수술 중에 하치조신경에 손상을 줄 수도 있다. 그래서 임플란트의 디자인은 짧으면서 충분히 안정성을 유지하는 방향으로 개발되었다. 매복된 사랑니도 하치조신경과 가까이 있기에 발치하면서 신경 손상이 생길 수 있다. 하치조신경이 손상되면 치아와 잇몸, 입술과 아래 피부의 감각이 둔해지거나 사라질 수 있다. 이 때문에 하치조신경은 발치부터 양악수술까지 다양한 치과 수술 과정에서 발생하는 의료 분쟁에 자주 등장하는 주인공이다.

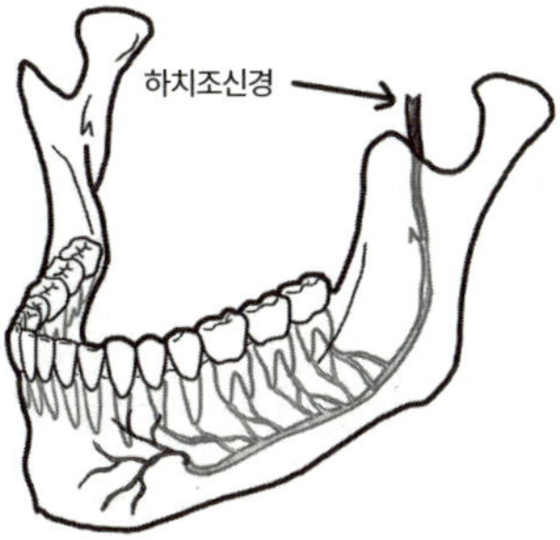

아래턱뼈의 숙명, 하치조신경

아래턱뼈는 근육에 매달려 공중에 떠 있는 구조이므로, 그만큼의 공간을 만들어준다는 의미이기도 하다. 기하학적으로 보면, 아래턱뼈는 둥글고 부드러운 입체 곡선을 이룬다. 이는 텐트의 입체적인 형태를 유지해주는 뼈대와 같은 역할을 한다. 텐트의 뼈대는 단단하면서도 탄성이 있다. 강풍이나 비와 같은 외부의 힘에 강하고 유연하게 반응한다. 아래턱뼈도 텐트의 뼈대와 같은 역할을 하며, 단단하지만 3차원적으로 움직일 수 있다. 정교하게 설계된 뼈대 덕분에 얼굴의 피부와 근육이 입체적으로 지지되며, 유연한 변화가 가능하다.

아래턱뼈는 구강 내 전체 치아의 반, 16개의 치아를 잡아주는 틀 역할을 한다. 인간의 씹는 힘은 엄청나다. 치아 하나하나에 어린이 한 명씩 올라서 있는 것과 같다. 아래턱뼈는 이 힘을 고스란히 받아내야 한다. 유연성과 강도가 중요한 이유다. 무시무시한 압력을 견디는 것은 한 번으로 끝나지 않는다. 매일 삼시 세끼 식사를 해야 하고, 만나는 사람들과 끊임없이 대화해야 한다. 그렇기에 아래턱뼈는 계속 움직여야 하며 다양한 방향에서 오는 힘을 받아낸다.

아래턱뼈의 골절은 이러한 구강 공간의 구조를 변화시키는 외부 요인 중 하나가 될 수 있다. 다행히 대부분의 턱뼈는 골절이 발생하더라도 치아의 교합과 각종 저작근의 작용 덕분에 턱뼈가 원래 자리에서 크게 이탈되지 않고 유지된다. 그러나 심각한 교통사고나 전쟁 무기로 턱뼈가 산산조각 날 정도의 복잡한 분쇄골절이 발생하면, 근육과 치아의 보호 기능만으로는 감당할 수 없다. U자 형태로 균형을 이루던 턱뼈 구조가 무너지면, 고정 지점을 잃은 혀가 뒤로 떨어지고 구강 내 출혈이 계속될 수 있다. 이로 인해 기도가 막혀 응급 상황이 발생하거나, 별도의 재건수술이 필요한 변형이 남을 수도 있다.

게다가 구강이 처한 환경은 꽤 열악하다. 치아는 평생에 걸쳐 충치의 위협에 노출되며, 치주 질환은 사람들 대부분이 안고 살아가는 질환이다. 따라서 치아와 치주 조직을 지탱하는 턱뼈에도 항상 염증의 위험이 존재한다. 만약 적절한 치료를 받지 못하고 방치될 경우, 염증이 진행되어 골수염으로 발전할 수도 있다. 항생제와 구강수술이 발달하지 못한 과거에 턱뼈의 골수염은 환자를 오랫동안 괴롭히거나 심하면 사망에 이르게 하는 질환이었다. 골수염은 턱뼈에 비가역적인 변화를 일으키므로 고대 인류의 화석이나 미라에서도 그 흔적을 발견할 수 있다.

아래턱은 인상과 분위기를 결정짓는 중요한 역할을 한다. 또한 구강과 혀의 위치를 잡아주어 우리가 먹고, 마시고, 말할 수 있도록 돕는다. 놀이공원에서 긴 풍선을 이용해 칼, 고양이, 강아지 같은 다양한 모양을 만드는 사람을 본 적이 있을 것이다. 그 과정은 신기하고 감탄을 자아낸다. 아래턱도 길쭉한 풍선을 U자 형태로 입체적으로 구부려놓은 형상이다. 얼핏 보면 단순한 구조 같지만, 이 형태를 변형, 절제하거나 복원하는 일은 훨씬 어렵고 위험하다. 이는 아래턱뼈가 다양한 기능을 수행하는 만큼 주변 근육, 혈관과 복잡하게 연결되어 정교한 균형을 이루고 있기 때문이다. 단순해 보이는 턱뼈가 단순하지 않은 이유다.

아래턱의 구조

아래턱은 흡사 말발굽처럼 생긴 몸체의 양끝에 두 개의 뿔이 달린 구조와 같다. 수평구조가 몸체고 수직구조가 뿔, 즉 하악지(아래턱의 가지)다. 수평구조는 치아를 잡고 있고, 수직구조는 양측에서 턱관절이라는 구조를 통해 머리뼈와 연결되어 있다.

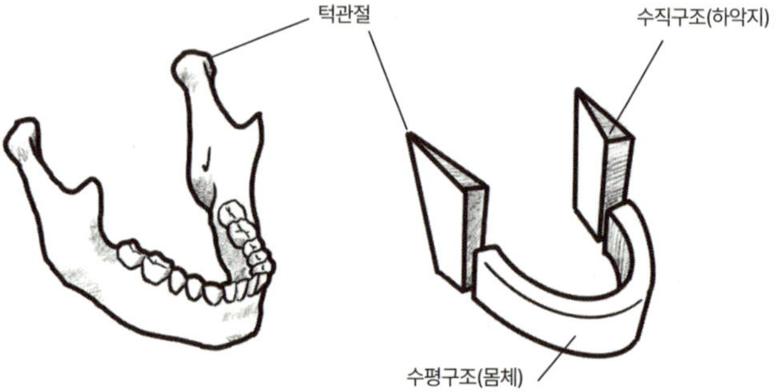

수평구조인 몸체는 치아뿐만 아니라 얼굴 아래쪽의 피부, 근육과 혀, 구강의 구조를 지지하여 형태를 유지하고 음식 섭취하기, 말하기, 숨쉬기 등 기본적인 기능을 가능하게 한다.

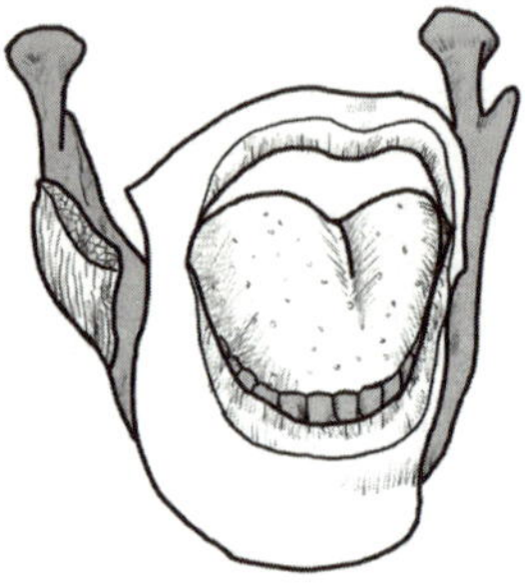

수직구조인 하악지의 끝은 턱관절을 통해 머리뼈에 연결된다. 턱관절 주변의 여러 근육에 의해 아래턱은 다양한 3차원적인 동작을 수행할 수 있다.

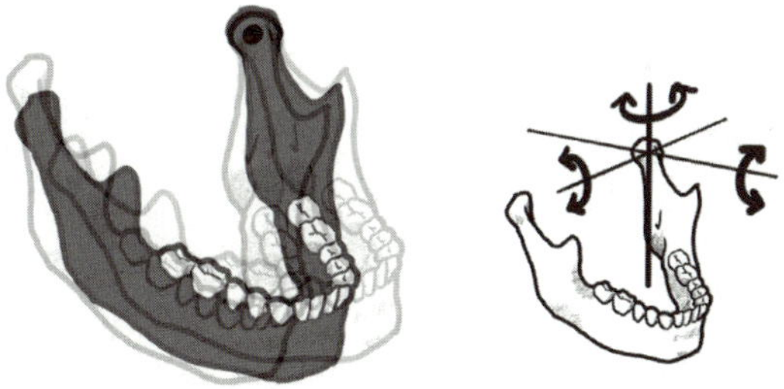

아래턱은 뼈 전체가 겉은 단단하고 속은 비어 있는 쇠파이프를 구부려놓은 것 같은 형태다. 겉의 뼈, 즉 피질골은 단단하지만 유기 섬유질인 콜라겐을 함유하고 있어서 탄성을 가지고 있다. 따라서 외부의 압력과 충격에 쉽게 부러지지 않고 유연하게 반응할 수 있다.

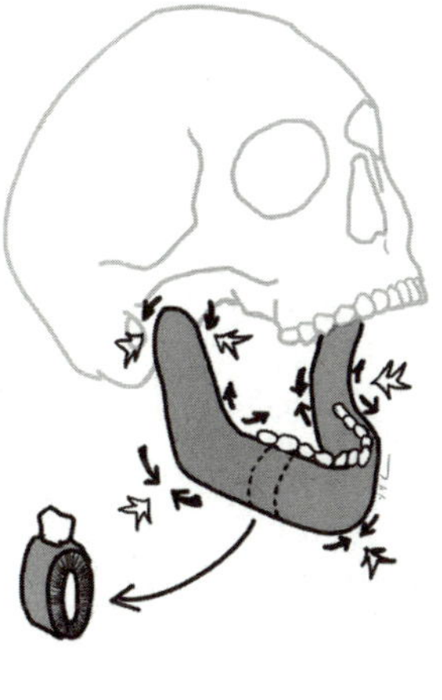

내가 왕이 될 상(악골)인가
위턱뼈

사람을 처음 만날 때 우리는 그 사람의 얼굴에서 어디를 먼저 볼까? 사람마다 다르겠지만 대부분은 눈, 코, 입의 범위를 벗어나지 않을 것이다. 이마나 귀를 먼저 보는 사람은 아마 매우 드물 것이다. 위턱뼈(상악골)는 얼굴의 중심에 위치해 있으며 눈, 코, 입이 모두 걸쳐 있는 유일한 뼈다. 이 요소들을 단단히 지지하는 역할을 하기에, 위턱뼈의 입체적 형태에 따라 얼굴의 전체적인 인상이 크게 달라진다.

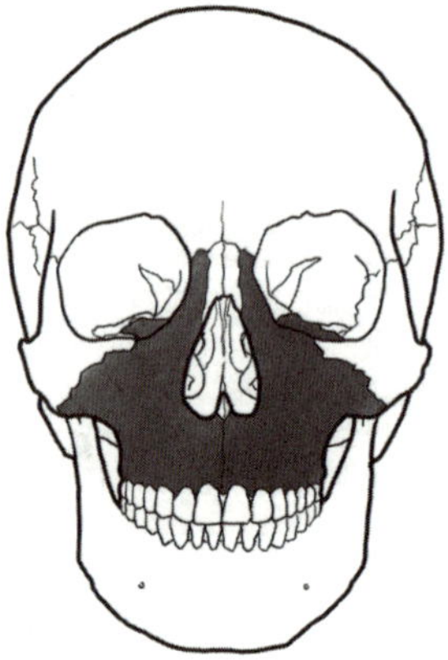

위턱(색칠한 부분)

옛사람들은 얼굴의 형태에 따라 그 사람의 성격과 운명이 좌우된다는 이른바 관상을 믿었다. 사람들은 얼굴 생김새를 통해 자신이 왕이 될 운명인지, 부자가 될 운명인지, 혹은 일찍 죽을지 장수할지 미리 알고 싶어 했다. 그래서 관상을 소재로 다룬 영화가 천만 관객을 동원했고, '내가 왕이 될 상인가?'라는 유명한 대사가 탄생했다.

분명한 것은 위턱뼈의 형태와 구조에 따라 발음과 음식을 섭취하는 습관, 외모에 차이가 나타난다는 점이다. 관상이 운명을 좌우한다고 믿지는 않지만, 위턱뼈의 형태가 얼굴 전체의 구조와 기능에 상당한 영향을 미치는 것은 사실이다. 이는 개인의 습관과 외모로도 이어진다. 이러한 요소들은 사회생활에서 알게 모르게 인상과 자신감, 나아가 삶의 방향에까지 영향을 미칠 수 있다

엽기적인 실험의 결실, 르 포르의 골절 분류

20세기를 눈앞에 둔 어느 날 프랑스 외과의사 르네 르 포르René Le Fort(1869~1951)는 기괴한 실험을 하고 있었다. 시신의 얼굴을 걷어차거나 곤봉으로 때리고, 머리만 높은 데서 떨어뜨려보는 등, 요즘 같으면 이웃들의 신고로 경찰이 찾아올 만한 일이었다. 사실, 멀쩡히 관 속에 누워 있는 시신을 꺼내서 때리거나 자르는 행위는 르 포르가 처음 한 일이 아니었다. 동서양 역사에도 이미 죽은 자를 관에서 꺼내 목을 자르거나 채찍으로 치는 부관참시剖棺斬屍가 종종 등장한다. 하지만 르 포르의 실험은 단순한 부관참시와는 달랐다. 그는 분노나 징벌 때문이

르 포르의 골절 분류

르 포르 1형은 대략 코 아래쯤에서 위턱뼈의 1/3이 수평으로 부러지는 골절이다. 위턱에 붙어 있는 모든 치아를 포함하므로 남아 있는 위턱뼈의 2/3에서 완전히 분리되면 골절된 르 포르 1형의 덩어리는 마치 잘 맞지 않는 틀니처럼 입안에서 덜렁거리듯이 움직인다.

르 포르 2형은 정면에서 보면 피라미드 형태의 골절이다. 양미간에서 삼각형으로 내려와서 르 포르 1형 골절을 포함한다. 코뼈와 안와의 일부, 치아를 포함해서 입천장 전체를 통째로 포함하므로 바닥이 넓다. 위는 뾰족하고 아래는 넓은 바닥이라서 피라미드 모양의 형태가 된다.

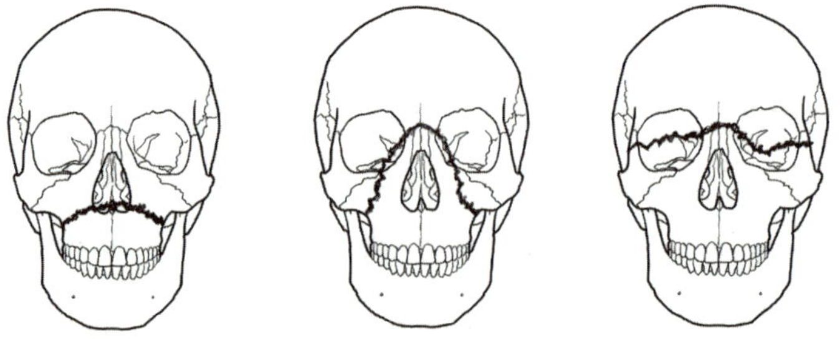

르 포르의 골절 분류

르네 르 포르

르 포르 3형은 가장 광범위한 골절이다. 위턱뼈가 두개저, 뇌바닥 바로 아래에서 분리된다. 안와와 코뼈, 광대뼈까지 포함하는 중안면mid-face, 中顔面이 머리에서 분리되는 골절을 의미한다.

실제로 인간의 위턱뼈가 르 포르의 연구처럼 정해진 패턴대로 부러지는 것은 아니다. 다만 르 포르 자신도 어느 정도 예측 가능한 무엇인가를 찾으려고 했을 것이다. 위턱뼈는 한쪽만 르 포르 1형 혹은 2형으로 골절될 수 있고, 두 가지 유형이 동시에 나타나기도 한다. 또한 3형 골절은 단독으로 발생하기보다는 1형이나 2형과 동반해서 나타나는 경우가 많다.

위턱뼈는 뇌머리뼈에 견고하게 붙어 있는 단단히 부착된 피라미드형 구조를 이루고 있다. 따라서 아래턱 골절처럼 흔히 구타로 발생하기보다는, 더 강력한 운동 에너지에 노출되었을 때 일어난다. 교통사고나 고층 건물에서 떨어지는 경우가 대표적인 사례다. 게다가 위턱뼈는 뇌에서 내려오는 혈관과 신경, 반대로 목에서 뇌로 들어가는 혈관과 신경이 지나가는 주요 경로에 있다. 이 때문에 골절이 발생하면 출혈이나 신경학적인 증상이 함께 발생할 가능성이 높다.

아닌, 학문적 목적으로 얼굴뼈를 훼손하며 연구를 진행했고, 이는 후일 얼굴뼈 수술에 큰 영향을 미쳤다. 1901년 르 포르는 이 끔찍한 실험의 결과를 정리하여 논문으로 발표했다. 이 논문 덕분에 오늘날 외과의사들은 수많은 생명을 구하고, 자신의 얼굴에 불만족을 느끼는 이들의 외모를 바꾸며, 더 나아가 그들의 운명을 바꿨다.

엽기적인 실험을 통해 르 포르가 알아내려고 한 것은 일종의 패턴이었다. 35구의 사체를 이용한 충격 실험에서 르 포르는 윗니부터 미간까지 하나의 거대한 판인 위턱뼈가 골절될 때 마구잡이로 부서지는 것이 아니라 어느 정도의 규칙이 나타남을 확인했다. 얼굴의 중간 부위를 차지하는 위턱뼈를 정면에서 바라볼 때 대략 3개의 층을 따라서 골절이 나타나는 것을 관찰할 수 있었다. 르 포르는 자기 이름을 붙여서 위턱뼈 골절을 르 포르 1형, 르 포르 2형, 그리고 르 포르 3형으로 분류했다.

고안된 지 120년이 지났지만, 지금도 얼굴 외상 환자가 응급실에 실려오면 르 포르 분류를 사용하고 있다. 그만큼 실용적이고 유용한 분류법이라서 오랜 시간 살아남을 수 있었다. 골절을 일정한 패턴으로 예측할 수 있다는 것은 그만큼 치료를 계획적으로 할 수 있다는 의미이기도 하다. 반대로 생각하면 수술 시 르 포르 분류를 따라 쉽게 턱뼈를 자를 수 있다는 뜻도 된다. 실제로 외과의사들은 르 포르 골절의 원리를 활용하여 양악수술을 비롯한 안면기형 교정수술이나 종양 제거수술을 진행하고 있다.

얼굴뼈의 중심

한때 눈 밑에 점 하나만 찍고 완전히 다른 사람으로 변신해 복수를 펼치는 설정의 인기 드라마가 있었다. 다소 황당한 설정이지만, 얼굴의 인상을 결정짓는 중요한 부위인 중안모mid-face, 中顔貌(위턱을 포함한 얼굴 중간 부위)의 작은 변화만으로도 인상이 미묘하게 달라질 수 있다는 점에서 드라마적 재미로 받아들일 수 있다. 그만큼 극적이고 흥미로운 요소였기에, 지금까지도 많은 사람이 기억하고 방송이나 SNS 등에서 패러디하는 것이 아닐까?

사람의 얼굴뼈를 정면에서 바라보면 눈과 입을 기준으로 위아래로 3등분할 수 있다. 이 중 눈과 입 사이 중간을 차지하는 것이 위턱뼈, 즉 상악골Maxilla, 上顎骨이다. 상악골은 하나의 뼈처럼 보이지만, 실제로는 좌우 한 쌍이 합쳐서 완성된다. 피부와 근육으로 가려져 있지만 위턱뼈의 형태는 얼굴의 중간 부위인 중안모에 국한되지 않고, 아래턱과 함께 사람의 전체적인 인상을 결정하는 중요한 요소다. 눈과 이마도 인상을 좌우하는 중요한 요소지만, 얼굴의 2/3를 구성하는 위턱뼈와 아래턱뼈가 어떤 형태로 서로 조합되는지에 따라 사람의 전체적인 인상이 달라진다.

위턱뼈는 단순히 외모에 영향을 미칠 뿐만 아니라, 얼굴 구조를 지지하고 기능을 위한 공간을 확보하는 두 가지 중요한 역할을 한다. 얼굴뼈 전체의 관점에서 보면 위턱뼈는 뇌머리뼈(두개골)의 바닥에 단단히 부착되어 있다. 또한 광대뼈zygoma, 코뼈nasal bone, 나비뼈sphenoid bone, 입천장뼈palatine bone 등 여러 주변 뼈들과 연결되어 안구, 콧구멍, 구강, 그리고 광대의 일부를 형성한다. 위턱뼈는 주변 뼈들과 복잡한 구조적 관계를 맺고 있어, 형태적으로 보면 아래턱뼈보다 훨씬 정교하고 복잡하다. 여러 뼈가 퍼즐처럼 조합된 덕분에, 르 포르의 골절 분류와 같이 외부 충격이 가해졌을 때 일정한 패턴의 골절이 발생한다. 이는 골절선들이 다른 뼈들의 접합부를 따라 형성되기 때문이다.

위턱뼈는 아래턱뼈와 뇌머리뼈 사이에 있으며, 위로는 뇌머리뼈를 지지하고 아래로는 아래턱뼈의 저작력을 받아내는 일종의 기둥 역할을 한다. 인간의 치아 절반이 위턱뼈에 고정되어 있다. 나머지 절반은 아래턱뼈에 자리 잡아 서로 맞물려 교합을 형성한다. 인간은 이 두 뼈 사이에 음식물을 끼워 넣어 절단하고, 찢으며, 부수고, 갈아낸다. 단단하고 질긴 동물의 살점부터 섬유질이 풍부한 식물까지 씹어 삼킬 수 있도록, 저작근육은 위턱뼈와 아래턱뼈를 연결하여 강력한 음식물 분쇄기 역할을 한다. 이 과정에서 발생하는 물리적인 충격과 힘은 두개골과 아래턱뼈 사이에 있는 위턱뼈가 온전히 받아내야 한다.

위턱뼈는 두개골이나 아래턱뼈처럼 겉면이 단단하고 치밀한 구조로 이루어져 있지 않다. 상대적으로 성글고 유연하게 구성되어 있으며 전체적으로 빈 공간이 많다. 과연 이런 뼈가 단단한 두 개의 뼈 사이에서 잘 견딜 수 있을까 걱정스럽지만 위턱뼈도 나름의 요령을 가지고 있다. 치아에서 발생하는 저작력은 위턱뼈의 일정한 궤적을 따라 효율적으로 분산된다. 하나는 송곳니에서 코 옆과 눈 안쪽을 거쳐

머리뼈로 이어지는 경로, 또 하나는 뒤쪽 어금니에서 광대뼈를 따라 머리뼈로 연결되는 경로가 있다. 두 경로는 마치 기둥처럼 아래턱뼈와 위턱뼈를 지지하는 역할을 한다.

위턱뼈는 마치 지구의 대륙처럼 얼굴의 중심을 가득 채우고 있는 듯하지만, 실제로는 상당 부분이 텅 비어 있다. 쉽게 비유하면, 위턱뼈는 벽과 벽이 맞닿아 형성된 여러 개의 방이 있는 건물과 같다. 그리고 그 건물은 바로 얼굴의 중심을 차지하고 있다. 광대뼈와 맞닿은 공간은 상악동이라고 불리며, 사람마다 차이는 있지만 대략 20~30cc 정도, 즉 메추리알 크기만 한 빈 공간이다. 상악동은 좌우 위턱뼈가 만나는 지점에서 형성된 비강과 연결되어 있으며, 비강은 코에서 목구멍까지 앞뒤로 시원하게 뚫려 있다. 위턱뼈의 위쪽 부분은 안와(눈을 감싸는 뼈 구조)의 바닥을 형성해 안구를 지탱하는 역할을 한다. 아래쪽 바닥의 평평한 구조는 입천장을 이루어, 위턱뼈가 구강의 지붕이자 비강의 바닥 역할을 한다. 덕분에 우리는 정상적으로 말하고 음식을 삼킬 수 있다. 만약 이 부위가 외상, 기형, 종양으로 인

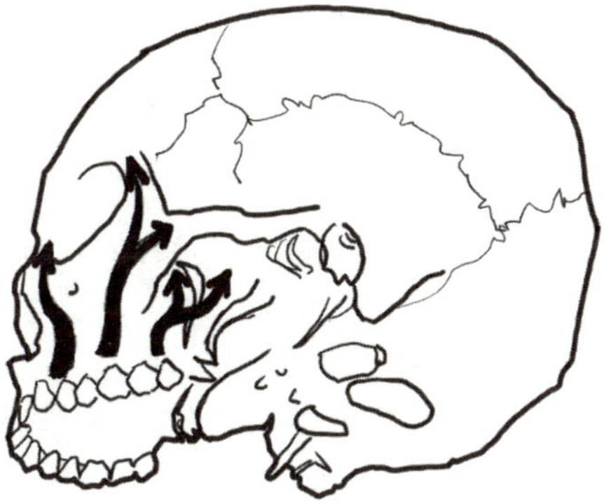

위턱뼈의 저작력 분산 궤적

해 뚫려 있다면 말할 때 콧소리가 나고, 음식을 먹을 때 음식이 코로 넘어가는 문제가 발생할 것이다.

성장, 관상을 만들어가는 동적인 과정

지금까지 위턱뼈의 정적static인 구조에 대해 이야기했다. 사실 위턱뼈는 생각보다 동적인dynamic 구조를 지닌다. 위턱은 뼈를 원하는 부위에 침착시키거나 흡수해 정상적인 모양을 갖추면서 성장할 수 있다. 마치 도자기를 빚을 때 두툼하게 하고 싶은 곳에 찰흙을 덧붙이고, 오목하게 하고 싶은 곳은 찰흙을 깎아내어 모양을 만드는 것과 비슷하다. 이렇게 침착과 흡수의 균형을 통해 위턱뼈의 다양한 굴곡과 입체적인 형태가 형성된다. 위턱뼈는 머리뼈에 고정된 상태에서 선택적으로 뼈를 생성하며, 점진적으로 머리뼈를 밀어내듯 전방과 하방으로 성장한다. 뼈의 성장은 좀 복잡한 동적인 현상이다. 단순히 특정 부위에서 뼈가 쌓이고 흡수되는 과정만이 아니라, 주변 근육과 조직, 즉 혀, 뺨의 위치, 식습관 등의 영향을 받는 복잡한 동적 현상이다. 사실 아래턱뼈도 이와 유사한 방식으로 성장하지만, 위치상 얼굴의 중심에서 여러 뼈와 연결된 위턱뼈가 좀 더 입체적이고 역동적인 성장 패턴을 보인다.

이런 특성 때문에 부정교합이나 얼굴의 기형을 치료하는 경우 특수한 장치를 이용해서 인위적으로 개입하는 것이 가능하다. 그만큼 성장 과정에서 특수한 장치로 조절할 수 있는 여지가 충분하다. 예를 들어 위턱이 좁은 경우 교정 장치를 사용해 수평으로 조금씩 벌릴 수 있고, 접시처럼 오목하게 들어간 중안모도 견인 장치를 활용해 앞쪽으로 당기는 치료가 가능하다.

성인이 되면 위턱뼈는 성장을 완료한다. 흡수와 침착을 역동적으로 반복하던 살아 있는 얼굴의 기둥은 이제 굳히기에 들어간 것이다. 물론 노화나 외부 원인으로 약간의 변화가 생길 수는 있지만, 이미 대세는 정해졌다. 지금의 정해진 형태로 수십 년을 안고 가야 한다. 하지만 순순히 그것을 받아들이기만 하는 것은 아니다. 사람들은 다양한 방법으로 자신의 한계와 운명을 극복하기 위해 도전에 나선다. 만약 위아래 턱뼈를 원하는 기능과 모양으로 인위적으로 변화시킬 수 있다면, 그것도 운명을 바꾸는 하나의 방법이 되지 않을까? 그 실마리는 이미 괴짜 의사 르 포르의 기괴한 실험에서 처음 모습을 드러냈으며, 이후 수많은 외과의사의 기나긴 여정의 목적지가 되었다.

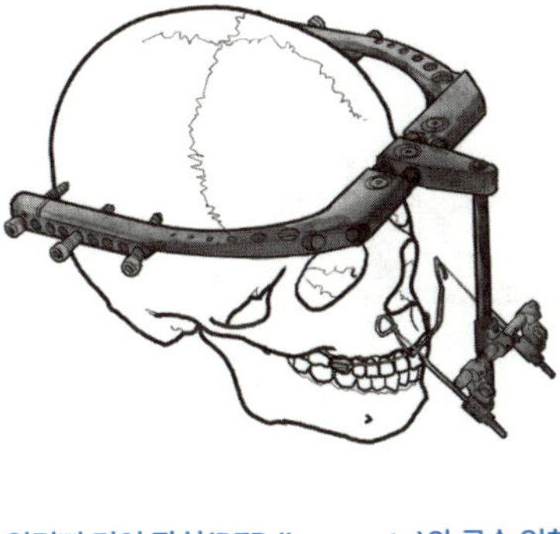

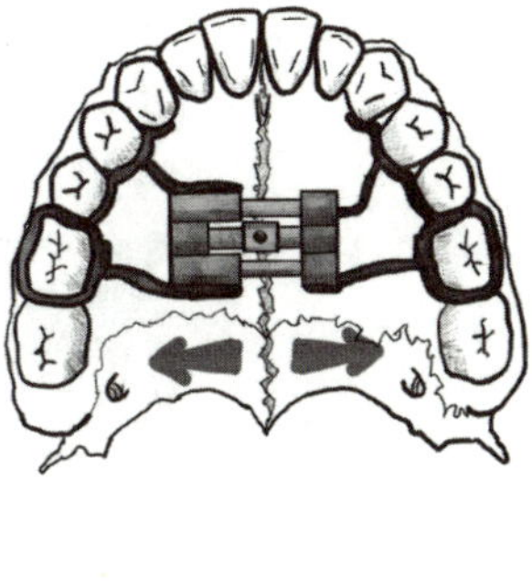

위턱뼈 견인 장치(RED II sysemtn)와 급속 입천장 확장 장치(Rapid palatal expansion)

위턱뼈의 공간

위턱뼈는 얼굴의 중앙 공간을 차지하는 큰 뼈다. 중안면(얼굴 중앙) 그 자체라고 할 수 있다. 마치 얼굴이라는 광대한 바다의 중심을 이루는 대륙과 같은 존재다.

아래

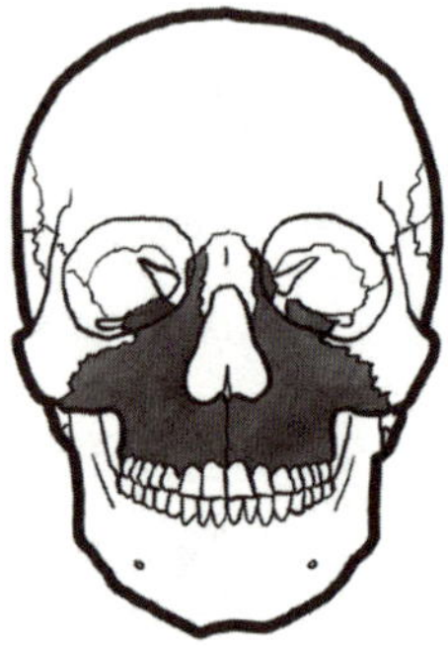

앞

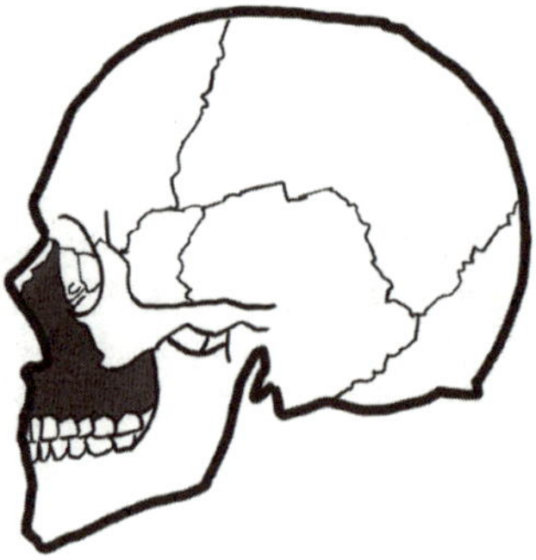

옆

위턱뼈는 눈 아래 얼굴의 나머지 반이라고 할 수 있는 아래턱뼈와 달리 뼈 자체가 텅 비어 있다. 그 덕분에 공간이 넓고 주변의 눈, 코, 입, 목, 귀 등과 서로 연결되어 있다.

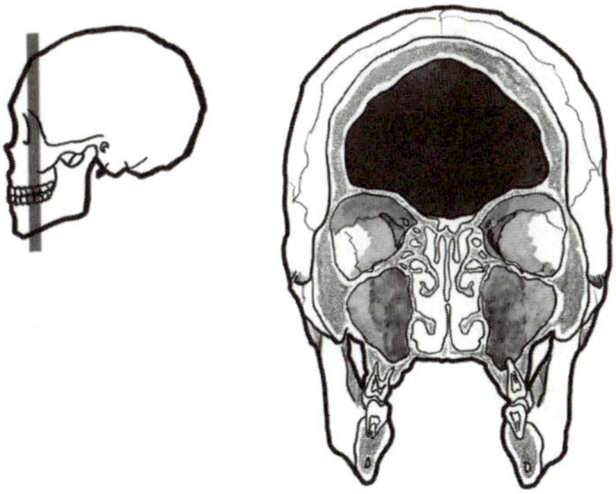

위턱뼈와 얼굴의 공간

위턱뼈 한쪽을 뚝 떼어놓고 보면 그 역할이 더욱 명확해진다. 얼굴 중앙에서 형태를 만들고 중요한 감각기관을 수용한다. 또한 얼굴의 모든 구성요소를 뇌를 비롯한 몸 전체와 소통시키는 중간 지점 역할을 한다.

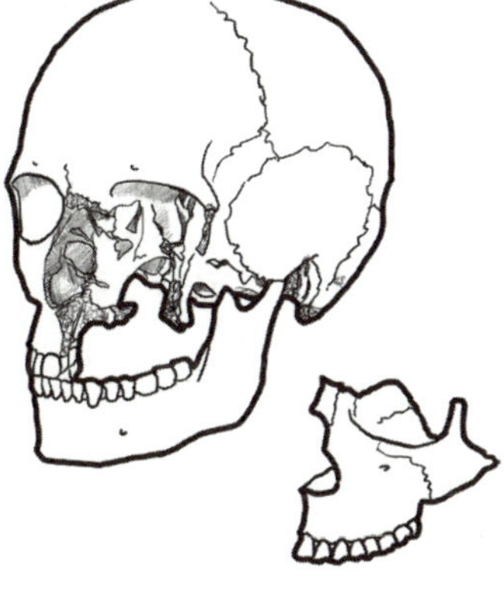

고의로 턱을 부러뜨리는 위험한 수술?
양악수술

사고로 턱뼈가 부러졌다고 상상해보자. 교통사고, 구타, 낙상 등 외부에서 강한 충격을 받으면 얼굴뼈는 한계를 견디지 못하고 부러진다. 곧 출혈과 함께 통증이 밀려오고 얼굴은 부어오를 것이다. 일차적인 변화가 지나가면 위아래 치아의 교합이 맞지 않고 얼굴 형태도 뭔가 달라졌음을 깨닫게 된다. 결국 병원에 가서 부러진 뼈를 제자리에 맞추고 나사와 고정판(스크류와 플레이트)으로 고정하는 수술을 받게 될 것이다.

외상으로 부러진 턱뼈를 수술로 원상복구할 수 있다면, 반대로 의도적으로 턱뼈를 절단하거나 이동시켜 원하는 위치에 고정하는 것도 가능하다. 자신의 얼굴이 마음에 들지 않거나 부정교합으로 인해 제대로 씹을 수 없는 경우, 의도적으로 턱뼈를 여러 조각으로 자른 다음 다시 원하는 형태로 맞출 수 있다면 수술대에 누울 것인가? 듣기만 해도 무섭고 끔찍한 이야기지만, 누군가는 수술대에 눕는 용기를 낼 것이다. 잘 씹고 삼키며 마음에 드는 외모를 갖는 것은 누군가에게는 매우 간절한 소망이기 때문이다. 일반인에게 '양악수술'로 알려진, 듣기만 해도 무시무시한 이 수술의 정확한 명칭은 악교정수술orthognathic surgery이다.

양악수술은 말 그대로 위턱과 아래턱 양兩쪽의 턱(악顎)을 의도적으로 절단한 뒤 원하는 위치에 고정하는 수술이다. 코 아래쪽 얼굴의 절반이 통째로 이동하는, 그야말로 대규모 수술이다. 양악수술은 그 스케일만큼 결과도 드라마틱하다. 단순히 교정으로 해결할 수 없는 부정교합을 치료하는 것은 물론이고, 수술하고 나서 알아보지 못하는 사람이 있을 정도로 외모에 엄청난 변화를 가져온다. 2010년대에 형편이 어려운 사람을 선발해 무료로 양악수술을 해주는 TV 쇼가 있었다. 양악수술을 받은 출연자가 등장하자 패널들이 입을 다물지 못하고 놀라는 모습이 인터넷 밈으로 유행하기도 했다.

인터넷에서 양악수술을 검색해보면 수술을 받은 유명인의 수술 전후 사진을 쉽게 찾을 수 있을 정도로, 한때 우리나라에서 큰 인기를 끈 수술이었다. 무분별한 수술로 인한 부작용과 의료사고로 사회적 논란도 있었지만 양악수술, 즉 악교정수술은 이제 현대 의학을 기반으로 한 안정적인 수술로 자리 잡았다. 양악수술이 얼굴 기형이나 부정교합 환자의 치료에 중요한 역할을 한다는 사실은 부인할 수 없다. 이제 이 '무시무시하고 위험한' 수술이 어떻게 시작되었고, 어떤 과정을 거쳐 발전했는지 알아보자.

어떻게 자를 것인가, 그리고 어떻게 움직일 것인가

턱뼈를 절단해서 얼굴 기형을 치료하려는 시도는 1849년 미국에서 처음 시도되었다. 이 시술은 주로 아래턱이 앞으로 돌출된 하악전돌증(주걱턱)을 해결하기 위해 고안되었다. 지금의 양악수술과는 기술적으로 상당한 차이가 있다. 당시 환자는 화상으로 얼굴이 변형되어 아래턱과 치열이 기형적으로 튀어나온 사람이었다. 치료 방법은 치아를 발치한 후 남은 공간만큼 턱뼈를 잘라내고, 그 부분을 뒤로 밀어 넣는 방식이었다. 이후 약 50년 동안 다양한 방법이 시도되었지만, 기본적으로 치아를 발치하고 그 공간만큼 턱뼈를 절단해 돌출된 턱뼈를 뒤로 밀어 넣는다는 개념에서 크게 달라지지 않았다.

1900년대 초부터 치아는 그대로 유지한 채 아래턱 전체를 움직이

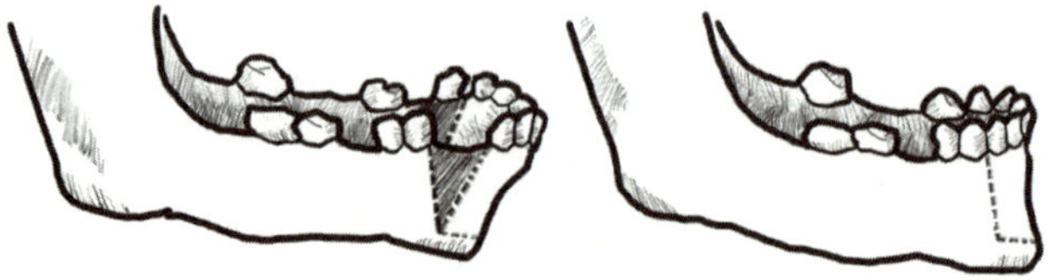

ⓒE. W. Steinh~tuser, "Historical development of orthognathic surgery," *Journal of Cranio-Maxillofacial Surgery*(1996) 24, pp. 195~204 참조.
치아를 뽑고 그 공간만큼 턱을 밀어 넣는 최초의 아래턱 수술

는 시도가 이루어졌다. 이 방법은 턱의 뒤쪽, 즉 턱관절 아래 부위를 절단해서 아래턱을 분리한 다음 뒤로 밀어 넣는 방식이었다. 귀 앞과 뺨 쪽에 작은 절개선을 만들어서 그 안으로 줄톱을 통과시켜 자르고 턱관절과 아래턱을 통째로 분리했다. 뼈를 직접 확인하며 절단할 수 없는 눈먼 수술법이었지만, 생각보다 빠르고 간단한 방법이었다. 더욱이 전신마취 없이도 시행할 수 있었다.

그러나 줄톱을 이용한 아래턱뼈 수평골 절단술은 안정성에 문제가 있었다. 수술 후 저작근, 특히 교근의 힘 때문에 원래 위치로 돌아가거나 위아래 앞니가 벌어지는 개방교합이 발생하는 경우가 많았다. 이로 인해 절단된 뼈들끼리의 접촉 면적을 확대하면서 근육의 힘을 극복하는 방법을 찾는 것이 외과의사들에게 주어진 과제였다. 1920년대부터 1940년대까지는 이러한 문제를 고민하는 시간이었다. 이 시기에 여러 외과의사가 턱관절 아래 부위를 수평으로 절단하는 비슷

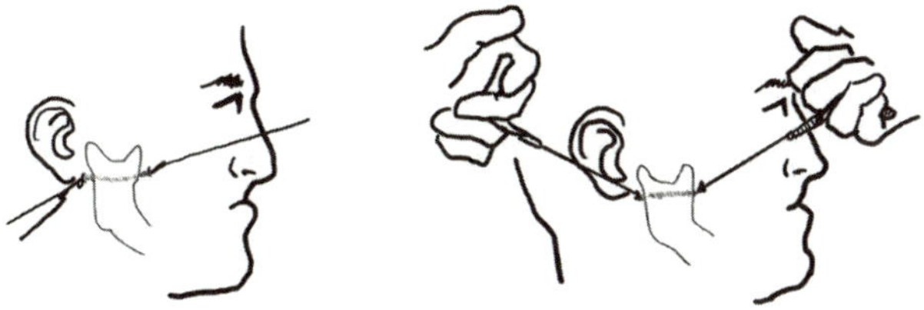

ⓒE. W. Steinh~tuser, "Historical development of orthognathic surgery," *Journal of Cranio-Maxillofacial Surgery*(1996) 24, pp. 195~204 참조.

줄톱을 이용한 아래턱뼈 절단술

한 디자인에 약간의 수정을 가한 골 절단법을 계속 발표했지만, 명쾌한 해결책을 찾지는 못했다.

그러다 제2차 세계대전이 터졌다. 외과의사들은 이 숙제를 잠시 멈추고 전쟁터에서 쏟아져 들어오는 부상병들의 치료에 전념해야 했다. 1950년대에 이르러서야 그들은 다시 이 문제에 집중할 수 있었다. 현대적인 양악수술의 개척은 이때부터 본격적으로 시작되었다. 과거에는 치아를 뽑고 그 공간만큼 뼈를 잘라 붙이거나, 턱관절 아래를 수평으로 절단해 턱을 뒤로 밀어 넣는 방식으로 주걱턱을 해결했다. 그러나 이러한 방식은 턱뼈가 다시 원래 위치로 돌아가려고 하는 회귀 현상과 교합 불안정이라는 근본적인 한계에서 벗어나지 못했다.

결국 뼈끼리의 접촉 면적을 늘리기 위해서는 귀 밑의 턱뼈를 단순히 자르는 게 아니라 지그재그처럼 쪼개서 잘라야 한다는 결론에 이르렀다. 안 그래도 얇은 아래턱뼈의 뒷부분을 어떻게 하면 부러뜨리지 않고 정교하게 쪼갤 수 있을까? 단번에 해답을 찾을 수는 없었다. 과거에 사용하던 수평골 절단에 수직골 절단을 추가하는 것이 턱뼈를 쪼개는 결정적인 해결책이 되었다. 수평골 절단과 수직골 절단을 연결하여 쪼개듯 관통하는 절단면이 만들어지게 한 것이다. 이러한 아이디어는 1970년대까지 여러 의사에 의해 계속 업그레이드되었다.

그러나 아래턱뼈를 앞뒤로 움직일 수 있다고 해서 모든 문제가 해결된 것은 아니었다. 아래턱 수술 방법이 어느 정도 자리를 잡고 나서, 아래턱을 움직일 때 위턱도 함께 움직이는 방법에 대한 고민이

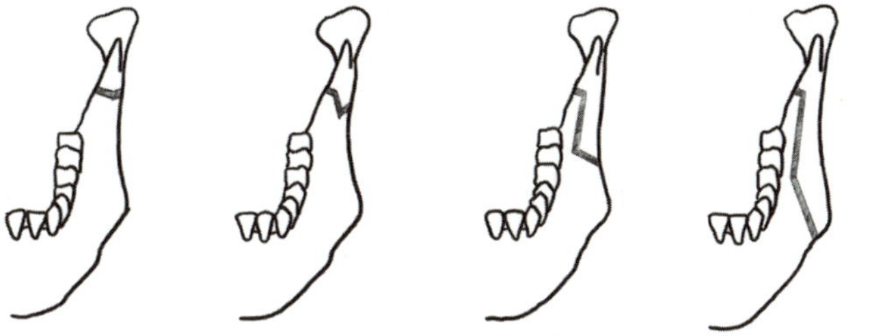

ⓒ Hugo L Obwegeser, "ÒOrthognathic surgery and a tale of how three procedures came to be: a letter to the next generations of surgeonsÓ," *Clin Plast Surg*, 2007 Jul; 34(3): 331-355, 195~204 참조.

아래턱뼈 수술 방식은 자르기에서 쪼개기로, 즉 수평골 절단에서 시상분할(화살처럼 관통하는) 골절단술로 발전했다. 절단된 두 뼈의 접촉 면적을 최대로 늘려 안정성을 높였다.

시작되었다. 교합의 안정성과 외모의 입체적인 개선을 고려했을 때, 아래턱만 이동시켜 원하는 결과를 얻을 수 있는 환자는 극히 드물었기 때문이다.

위턱은 해부학적으로 복잡하고 혈관 분포도 다양해서 아래턱에 비해 상대적으로 미지의 영역으로 여겨졌다. 초기에는 아래턱 뼈 수술처럼 치아를 발치해 생긴 공간을 활용해 위턱뼈 일부를 집어넣거나 뒤쪽 일부를 절단해 원하는 위치로 이동시키는 수술 방법이 시도되었다. 그러나 르 포르 골절단 방법처럼 위턱뼈를 통째로 분리해 이동시키는 수술은 적절한 기구가 갖춰지지 않았거나 전신마취가 충분히 지원되지 않는다면 매우 위험한 시도가 될 수 있다. 특히 아래턱 수술과 위턱 수술을 동시에 하는 것은 경험 많은 외과의사에게도 상당한 도전이었다.

1970년 드디어 아래턱은 쪼개는 방식(시상분할 골절단술)으로, 위턱은 르 포르 1형 골절단으로 위턱과 아래턱을 하나의 단위로 입체적으로 움직이는 수술 방법이 발표되었다. 이는 현대적인 양악수술의 완성을 의미했다. 단순히 아래턱을 앞뒤로 움직여 교합을 맞추고 얼굴 외형을 개선하는 것보다, 위턱까지 자유롭게 움직일 수 있게 되면서 3차원의 입체적 조정이 가능해졌다. 예를 들어 주걱턱 환자의 경우 아래턱이 앞으로 튀어나온 반면 위턱뼈는 뒤로 들어가 있는 경우가 많다. 이때 위턱을 앞으로 이동시키고 아래턱을 뒤로 넣으면 양악이 입체적으로 움직이므로 상대적으로 근육의 반작용도 줄어들고 교합도 안정적으로 형성된다. 따라서 수술 후 턱뼈가 원래 위치로 되돌아가는 회귀 현상이나, 위아래 앞니가 맞물리지 않는 개방교합의 위험성도 낮출 수 있다.

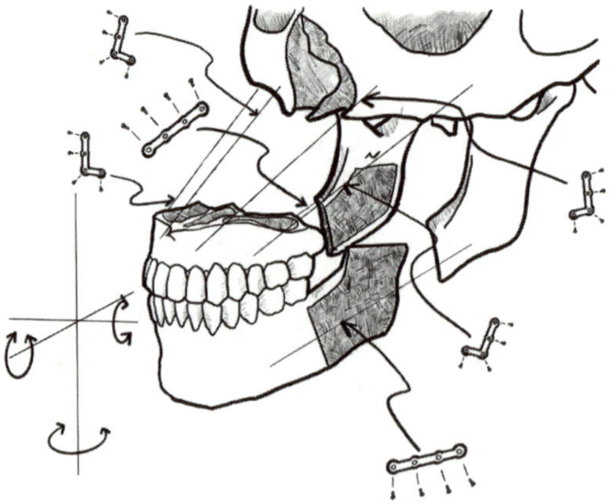

현대적인 양악수술은 위턱과 아래턱을 동시에 절단하고 플레이트와 스크류를 이용해 고정한다.

완벽한 수술을 위한 남겨진 과제

골절단 디자인의 문제를 해결하자 새로운 고민이 따라왔다. 쪼개는 방식은 단순한 수평 절단보다 훨씬 복잡하고 위험했다. 과연 이 복잡한 기하학적 골절단을 환자의 입안으로 톱을 넣어 해낼 수 있을지는 어떤 외과의사도 바로 대답할 수 없는 문제였다. 얼굴에 직접 수술칼을 대고 피부와 근육을 벗겨내듯 들어올리면 턱뼈가 명확히 보일 것이다. 당연히 수술도 훨씬 쉬워질 것이다. 하지만 그렇게 하면 얼굴에 큰 흉터가 남고, 뼈를 노출시키는 과정에서 안면신경이 손상될 위험도 있다. 만약 안면신경이 손상되어 얼굴 표정에 마비가 온다면, 양악수술로 얻는 것보다 잃는 것이 더 많을 것이다.

이제 세 가지 과제가 눈앞에 놓였다. 첫째, 입안으로 수술하기, 둘째, 안전한 전신마취를 하기, 셋째, 쪼개진 뼈를 확실하게 고정하기였다. 1950년대 이전까지는 이러한 복잡한 뼈 절단을 입안으로 톱을 넣어 하는 것은 불가능하다고 여겨졌다. 하지만 두 차례의 세계대전을 거치며 외과의사들은 외상 환자를 수술할 때 입안으로 접근해 턱뼈를 맞추는 치료에 이미 익숙해져 있었다.

과거에는 수평으로 뼈를 절단하는 수술을 전신마취 없이, 치과 체어에 환자를 앉힌 채로 시행했다. 보조자가 환자의 머리를 잡고 실톱을 이용해 턱관절 아랫부분을 소의 뿔을 자르듯 끊어내는 방식이었다. 보통 15분 내외로 끝났는데, 수술이 길어지면 환자가 견딜 수 없었을 것이다. 1950년대 초반까지도 국소마취로 조심스럽게 입안으로 아래턱 수술을 했지만 좀 더 복잡한 수술, 특히 위아래 턱을 동시에 움직이는 본격적인 양악수술은 전신마취 없이는 한 발짝도 나아갈 수 없었다. 다행히 뼈 절단에 대한 디자인이 정립될 무렵에 안전한 전신마취도 가능해졌다.

수술적 기술과 전신마취 문제가 해결되자, 남은 과제는 단단하게 고정하는 것이었다. 양악수술 중 얇게 쪼개진 아래턱뼈와 르 포르 골절선을 따라 절단된 위턱뼈는 머리뼈에서 완전히 분리된다. 그나마 뼈에 붙어 있는 근육과 혈관이 이를 잡아주는 덕분에 몸에서 완전히 떨어져나가지는 않고 입안에서 덜렁거릴 뿐이다. 이 순간 전신마취로 의식이 없는 환자가 자신의 모습을 직접 볼 수 없는 것은 차라리 다행스러운 일이다. 이제 교합을 맞추고 미리 계획된 이상적인 위치에 위아래 턱을 고정하기만 하면 된다. 마취에서 깨어난 환자는 엄청난 변화를 겪은 자신의 얼굴을 마주하게 될 것이다. 그렇지만 떨어져나간 뼈를 무엇으로 다시 고정할 것인가?

이케아에서 가구를 조립해본 적이 있다면 제품을 개봉했을 때 나무 조각들에 딸려온 스크류와 플레이트들을 본 적이 있을 것이다. 분리된 나무 조각들은 이 작은 금속 부품들로 고정되어 사람의 체중을 떠받치는 의자가 되고, 무거운 물건을 수납하는 선반이 된다. 인간의 뼈도 마찬가지다. 금속 스크류와 플레이트는 처음에는 정형외과에서 골절 환자를 치료하는 데 사용되었다.

얼굴뼈에 처음으로 고정판을 사용한 기록은 1917년 아래턱뼈 골절 환자에서 찾아볼 수 있다. 당시에는 특별히 제작된 의료용 플레이트가 없어서, 결혼식 금반지를 일자로 펴서 플레이트로 사용했다. 하지만 바로 얼굴뼈에 의료용 금속 고정의 개념을 적용한 것은 아니었다. 이후로 50여 년간 잊힌 이 방법은 1960년대에 들어서 재발견되었다. 그때부터 사지 골절 치료에 사용되던 스크류와 플레이트를 턱뼈에 맞게 좀 더 작고 정밀하게 설계하여 사용하기 시작했다.

턱뼈 골절에 사용하기 위해 처음 고안된 고정 시스템이 양악수술에 적용되기까지는 약 10년의 시간이 더 걸렸다. 그전까지는 턱뼈를 절단한 후 위아래 치아를 두 달 가까이 묶어두거나, 뼈끼리 철사를 감아서 고정하는 방식이 사용되었다. 양악수술에서 나사와 플레이트를 이용하기 시작한 것은 1970년대에 들어서였다. 이는 단순히 양악수술뿐만 아니라 턱뼈수술 전반에 걸쳐 하나의 혁신이었다. 단단하게 고정하는 것이 가능해지면서 수술 후 복원되거나 의도적으로 이동한 뼈의 위치를 더욱 안정적으로 유지할 수 있게 되었다. 이는 위아래 턱뼈를 몇 주 동안 묶어둘 필요가 없음을 의미했다.

턱뼈 고정을 위해 치아를 맞물려 위아래 턱을 몇 주간 꽁꽁 묶어놓는 것은 환자에게 무척 고통스러울 수밖에 없었다. 수술 직후에는 질식의 위험이 있었으며, 무엇보다 자유롭게 음식을 섭취할 수 없어 환자에게 큰 불편을 초래했다. 이러한 문제를 해결한 나사와 플레이트 고정 방식은 양악수술에서 환자의 회복 속도를 높이고, 수술 후 사고 위험을 줄인 획기적인 진보였다.

양악수술의 미래

문득 이 무섭고도 신기하며 놀라운 수술이 앞으로 어떻게 발전해 나갈지 궁금하다. 뼈를 절단하는 방법은 50년이 넘게 지나도 거의 달라진 것이 없다. 수술 기구도 마찬가지다. 인간의 얼굴뼈를 절단해서 움직이는 데 효과적이고 안전한 방법은 그때 이미 다 찾아낸 것인지도 모른다. 지금도 여전히 입안을 통해 수술이 이루어지고, 전신마취의 도움을 받는다.

다만, 고정 재료는 기술의 발전으로 큰 혜택을 받았다. 티타늄 금속은 한동안 대체할 수 없는 재료로 사용되었지만, 뼈에 오랫동안 박혀 있다 보니 사람에 따라서는 이물감을 느끼거나 염증이 생기는 경우가 있었다. 또한 시간이 지나면서 금속을 제거하고자 하는 수요도 생겨났다. 이러한 필요성은 몸속에서 자연적으로 녹는 스크류와 플레이트를 개발하는 동기가 되었다. 이 재료는 금속이 아니기 때문에 방사선 사진에 나오지 않는다. 그래서 일명 '투명 양악'이라고 불리기도 한다. 특히 얼굴에 금속판과 나사가 박혀 있다는 사실을 누군가 알게 되는 것을 원하지 않는 사람들에게는 매우 매력적인 재료다.

한편, 최근 의학에 도입된 디지털 기술은 양악수술에서도 중요한 변화를 가져오고 있다. 초창기 양악수술에서는 환자의 턱을 얼마나, 어느 위치로 이동시킬지를 계획할 때 2차원 방사선 사진과 치아 모형을 활용했다. 이는 인간의 얼굴 형태와 교합에 대해 제한된 평가만 가능하다. 그래서 수술 중 외과의사의 경험에 의지하는 경우가 많았다.

디지털 기술이 발전하면서 CT 촬영을 통해 환자의 얼굴뼈를 입체적으로 관찰할 수 있게 되었고, 3D 프린팅을 활용해 얼굴뼈의 고정 위치를 수술 계획에 맞춰 정확하게 잡아주는 가이드까지 출력해서 사용하고 있다. 이러한 기술 덕분에 수술 시간은 단축되고, 결과는 더욱 정확하게 예측이 가능해졌다. 얼굴 생김새(안모顔貌)와 교합을 개선하고자 수술받을 용기를 내는 사람들의 간절한 바람이 계속되는 한, 양악수술은 급격하지는 않더라도 점진적으로 발전해갈 것이다.

얼굴뼈를 바꾸고 나아가 사람을 바꾸는 양악수술

얼굴뼈가 부정교합인 경우 위턱뼈와 아래턱뼈를 동시에 절단하여 원하는 교합咬合으로 맞출 수 있다. 위턱과 아래턱이 결합된 복합체는 상하, 좌우, 전후 원하는 방향으로 이동시키고 원하는 위치에 고정할 수 있다. 얼굴뼈의 의도된 골절과 재고정 과정을 거쳐 정상적인 기능과 균형을 회복하는 이 드라마틱한 수술을 사람들은 악교정수술 혹은 양악수술이라고 부른다. 이케아 가구처럼 양악수술도 플레이트와 스크류를 사용해 입체적으로 고정하지만, 그 과정은 비교할 수 없이 복잡하다. 가구 조립은 설명서를 참고하며 시행착오를 거칠 수 있지만 양악수술은 한 치의 오차도 허용되지 않는, 고난이도의 기술과 경험을 요구하는 수술이다.

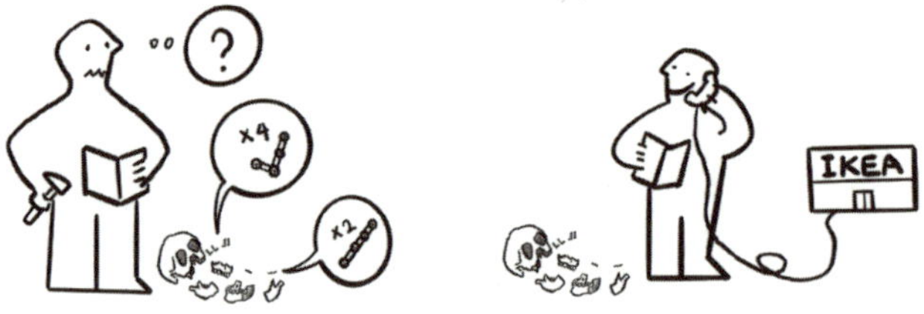

이케아에는 물어볼 수 없는 양악수술

위턱뼈를 절단Le Fort osteotomy(르 포르 골절단술)할 때 가장 중요한 해부학적인 요소는 위턱동맥이다. 이 동맥은 위턱뼈에 골고루 분포하고 있다. 수술 중 손상되면 심한 출혈의 원인이 되며 위험한 결과를 초래하기도 한다.

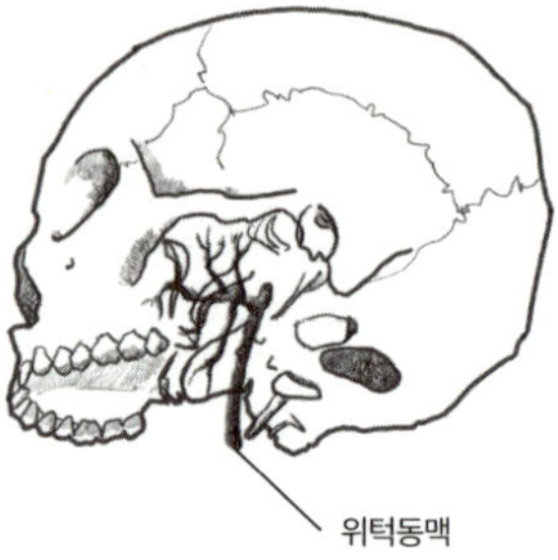

하치조신경inferior alveolar nerve은 아래턱뼈를 절단하는 수술(시상분할 골절단술)에서 외과의사들이 가장 신경 쓰는 해부학적 구조물이다. 아랫입술과 잇몸의 감각을 담당하는 신경이므로 손상을 최대한 피해야 한다. 아래턱 수술 방법도 이 신경의 손상을 피하는 방향으로 꾸준히 발전하여 오늘날에 이르렀다.

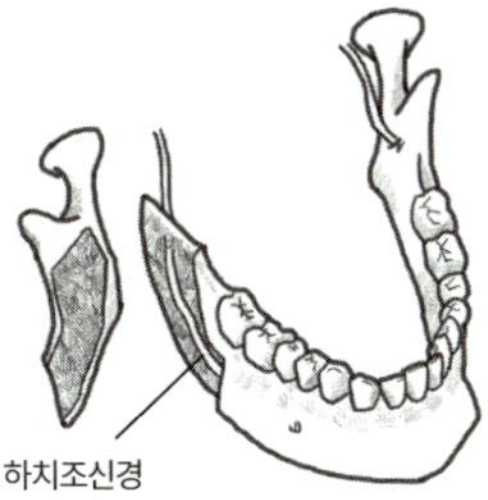

하치조신경을 보호하는 시상분할 골절단술

이 복잡하고 어려운 수술을 입안으로만 접근하여 수행해내는 것은 오랫동안 외과의사들에게 주어진 어려운 도전이었다. 오랜 시간 누적된 경험과 혁신적인 아이디어 덕분에 불가능해 보였던 일이 결국 가능해졌다.

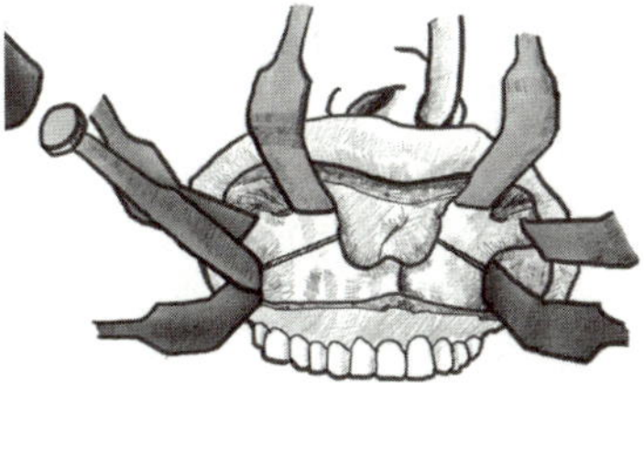

입안으로 접근하는 위턱뼈 수술

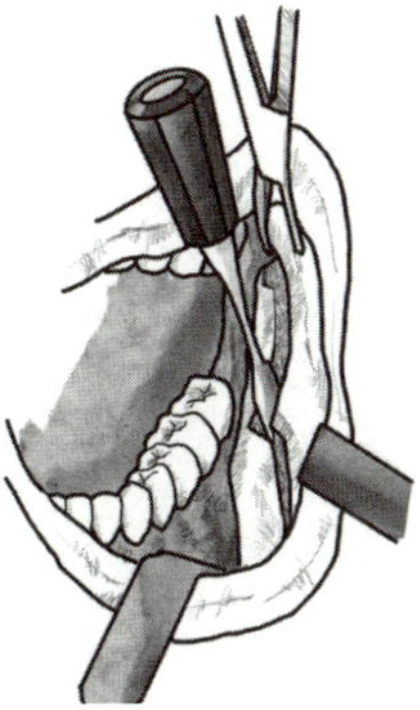

입안으로 접근하는 아래턱뼈 수술

아름다움과 문명을 새기다
치아

고려 말 조선 초의 성리학자 목은牧隱 이색李穡(1328~1396)은 사대부들의 스승이자 존경받는 대학자였다. 그런데 위대한 학자도 먹는 즐거움을 잃어버리는 것은 견디기 힘들었나 보다. 그가 지은 시 「대사구두부내향大舍求豆腐來餉」은 '큰집에서 두부를 구해 먹는다'는 내용이다.

菜羹無味久　　채소국은 맛이 없은 지 오래인데
豆腐截昉新　　두부가 새로이 맛을 돋우네
便見宜疏齒　　이가 없는 사람은 먹기에 좋으니
眞堪養老身　　참으로 늙은 몸을 보양할 만하네

이색은 나이를 먹어 이가 없어서 단단하고 질긴 음식을 먹을 수 없었기에, 오랫동안 채소로 국을 끓여 먹었다고 한다. 잘 씹을 수 없으니 고기는 당연히 먹을 수 없었을 것이고, 지금처럼 교통이 발달한 것도 아니었으니 그나마 고기를 대체할 부드러운 생선도 귀한 음식이었을 것이다. 부드럽고 담백한 두부야말로 고기의 아쉬움을 달래고 부족한 단백질을 보충할 수 있는 거의 유일한 대체 음식이 아니었을까? 만약 이색 선생이 임플란트라도 심었다면 「대사구두부내향」이라는 시는 세상에 나오지 않았을지도 모른다. 어쩌면 맛있는 고기를 씹고 뜯고 맛보고 즐기는 노년의 즐거움을 노래한 시를 남겼을지도 모른다.

성리학자 이색

하지만 임플란트는 600년 뒤에나 등장할 발명품이었다. 고대 이집트 시대부터 사람들은 치아가 없는 부위에 노예나 동물의 치아를 뽑아 넣어서 철사로 고정하기 시작했다. 근대에는 나무나 금속 등으로 틀니를 만들어 사용하기도 했다. 혹시라도 이색이 그런 원시적인 치과 보철 치료를 받았다고 하더라도 「대사구두부내향」의 내용이 달라지지는 않았을 것이다. 그런 보철물로는 맛있는 고기를 뜯거나 씹는 것이 거의 불가능하기 때문이다.

현대적인 형태의 틀니와 크라운 치료의 역사는 200년이 채 되지 않는다. 치과 보철의 혁신을 가져온 티타늄 임플란트는 1960년대에 처음 개발되었고, 한국에서 대중화된 것은 불과 20년 정도밖에 되지 않았다. 한국은 임플란트 시술이 가장 많이 이루어지는 선진국 중 하나로, 국내에는 열 곳이 넘는 임플란트 생산 기업이 있다. 세계에서 가장 많은 임플란트를 판매하는 기업 또한 이색의 후손들이 살고 있는 한국에 있다.

인체에서 가장 단단한 기관, 치아

치아는 우리 인체에서 가장 단단한 부분이다. 뼈가 아니냐고 반문하는 사람도 있을 수 있고 뼈와 치아가 무슨 차이가 있냐고 생각하는 사람도 있을 수 있다. 물론 치아와 뼈는 단단한 무기질 성분이 대부분이고 그 외에도 칼슘, 인, 단백질로 이루어져 있다는 공통점이 있지만, 몇 가지 차이점이 있다.

가장 큰 차이점은 치아는 몸 밖으로 노출되어 있지만, 뼈는 몸속에 숨어 있다는 점이다. 치아는 음식물을 직접 분쇄하기 위해 입 밖으로 노출되어 있지만, 뼈는 몸을 지지하고 운동이 가능해야 하므로 근육과 살에 덮여 있다. 뼈는 부러지거나 깨져도 재생이 가능하다. 혈관이 뼈의 말단부까지 분포하며 뼈를 감싸고 있는 골막으로부터 혈액을 공급받을 수 있기 때문이다. 하지만 치아는 뼈만큼 혈액을 공급받지 못하기 때문에 뼈에 비해서 재생이 제한적이다.

치아의 가장 바깥쪽은 인체에서 가장 단단한 조직인 법랑질enamel로 덮여 있다. 그 아래에는 상아질이 있는데, 법랑질보다 약하지만 치아의 대부분을 차지하며 저작을 위한 충분한 강도를 부여한다. 치아의 중심인 치수에는 혈관과 신경이 분포해 있어 치아에 영양분을 공급하고 치아 자체의 위치나 씹을 때의 느낌 등 미세한 감각을 감지할 수 있게 해준다.

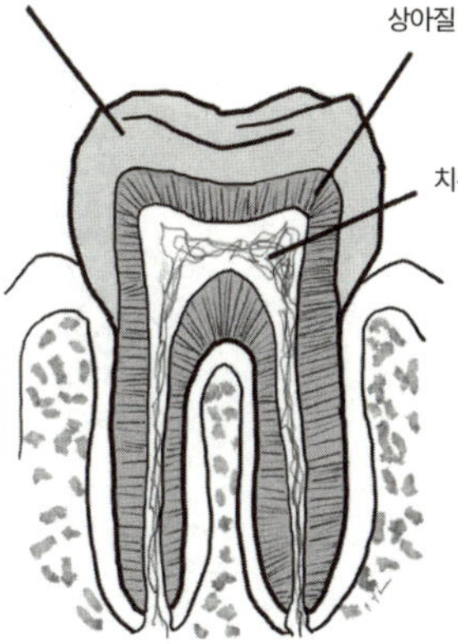

치아의 구성. 치아는 법랑질, 상아질, 치수로 구성되어 있다.

치아는 평생 동안 다양한 음식을 씹어야 하므로 뼈보다 단단하게 만들어졌다. 치아는 단단하면서도 유연한 턱뼈에 나란히 배열되어 있다. 그것도 턱뼈에 그냥 박혀 있는 것이 아니고 치주인대라는 유연한 섬유 조직이 치아와 턱뼈 사이를 연결하듯이 잡고 있다. 이러한 구조 덕분에 치아는 외부 충격을 어느 정도 흡수할 수 있다. 또한 치아는 앞에서부터 뒤로, 입안에 들어온 음식을 효율적으로 자르고(앞니), 찢고(송곳니), 부술(어금니) 수 있도록 배열되어 있다.

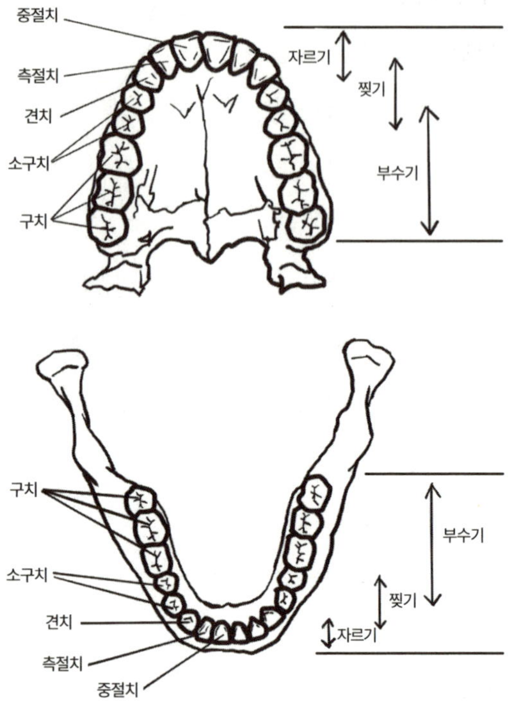

저작을 위한 치아의 효율적 배열

치아는 뼈에 비해 혈관 분포가 부족해 재생 능력이 떨어지다보니 깨지거나 빠진 치아가 저절로 돋아나거나 메꾸어지지 않는다. 그렇기에 없어진 치아를 대체하기 위한 치과 보철 기술이 발달하는 것은 당연한 일이다. 오히려 치아는 단단해서 변화가 작으므로 깎고 위에 씌우는 등의 기계적인 변형이 가능하다. 그리고 치아를 잡아주는 턱뼈와 치주인대의 재생 능력 덕분에 치아는 턱에서 이동할 수 있는 여지가 있다.

치아는 얼굴이라는 건물의 대문과 같다. 열었다 닫았다 하면서 집의 전반적인 분위기를 결정한다. 치아를 원하는 모양으로 깎고 의도한 위치로 이동할 수 있다면, 없어진 치아를 원래대로 수복하는 치료를 넘어서 얼굴의 분위기, 나아가 외모 전체를 원하는 방향으로 재구성할 수 있다. 치아를 통해 얼굴을 바꾼다는 것이 새로운 생각은 아니다. 이미 수천 년 전부터 사람들이 꾸준히 도전해온 과제였다.

아름다운 미소의 상징, '단순호치'

아름다운 여인을 표현하는 한자 성어 중에 '단순호치丹脣皓齒'라는 말이 있다. '붉은丹 입술脣에 하얀皓 치아齒'라는 뜻으로 미인을 의미하는 표현이다. 잠깐 「삼국지」 얘기를 하고자 한다. 조조의 둘째 아들 조식은 뛰어난 글재주로 유명했다. 그가 지은 「낙신부洛神賦」라는 글에 등장하는 한 구절이 바로 이 '단순호치'다. 낙수라는 곳을 지나갈 때 우연히 아름답고 신비로운 여인을 만난 조식은 그녀의 자태를 글로 묘사했다.

흥미로운 사실은 글 속의 주인공이 바로 조식의 형수, 자신의 형인 조비의 아내 견씨였다는 점이다. 조비와 조식은 치열하게 조조의 후계자 경쟁을 벌였다. 승자는 형 조비였고 당연히 조식에게는 숙청과 죽음이 기다리고 있었지만, 천재 시인 조식은 이때도 시를 지어 형을 감동시켜 목숨을 건졌다. 그 대신 정계를 은퇴하는 조건으로 수도를 떠나 낙향하는 길에 낙수에서 이 글을 썼다고 전해진다.

자신과 운명을 건 치열한 후계자 경쟁을 벌였고, 이제는 황제가 되어 자기 목숨을 쥐락펴락할 수 있는 형이 당연히 무서웠을 테지만, 글을 통해 우회적으로 흠모하는 마음을 표현할 만큼 형수의 미모는 잊을 수 없었다. 사진기도 없던 시절, 천재 시인은 단 네 글자로 아름다운 여인의 미소를 떠올리게 했다.

하지만 오늘날 '단순호치'는 글자 속에 박제되어 있지 않고 미디어로 걸어 나왔다. 혀가 하얀 이를 쓸어내며 뽀드득 소리를 내는 치약 광고, 인기 여자 연예인이 등장하는 도시의 광고판에서 우리는 쉽게 단순호치를 발견할 수 있다. 더욱이 단순호치는 더 이상 선택된 미인만 가질 수 있는 꿈이 아니다. 오늘도 치과 진료실에서는 라미네이트 시술을 통해 단순호치를 소망하는 사람들의 꿈을 실현시켜주고 있다.

라미네이트는 급속교정, 치아 성형 등의 별칭으로도 알려져 있지만, 정식 명칭은 도재 라미네이트 비니어PVL, Porcelain laminate veneer다. 모양이나 색깔이 미적으로 만족스럽지 않은 치아를 얇게 깎은 다음, 원하는 형태와 색깔로 얇은 치과용 도재Porcelain(치과용 세라믹)를 붙여주는 치료법이다.

치열이 심하게 틀어졌거나 치주 질환, 충치가 있는 경우에는 시술하기 어려울 수 있지만, 라미네이트는 교정으로 치아를 다시 배열하거나, 신경 치료 후 치아를 깎은 다음 심미 보철과 잇몸수술로 단순호치를 실현시켜주는 일반적인 방법보다 간단하고 시간과 비용이 훨씬 적게 든다. 앞니만 개선되어도 사람의 인상이 심미적으로 변하므

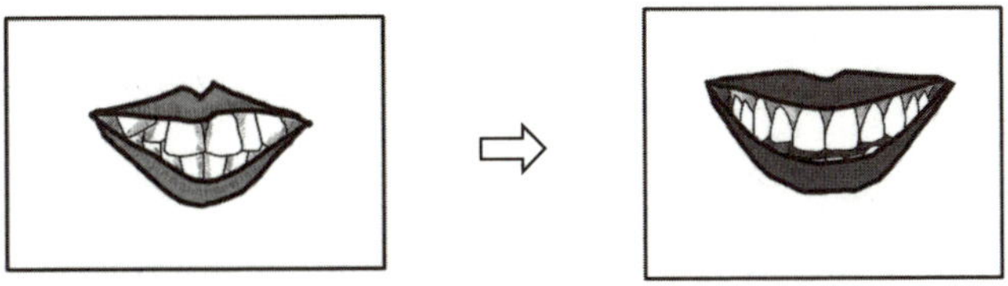

라미네이트는 완벽하지는 않지만, 단순호치를 만들어낼 수 있는 현대적인 치료법이다.

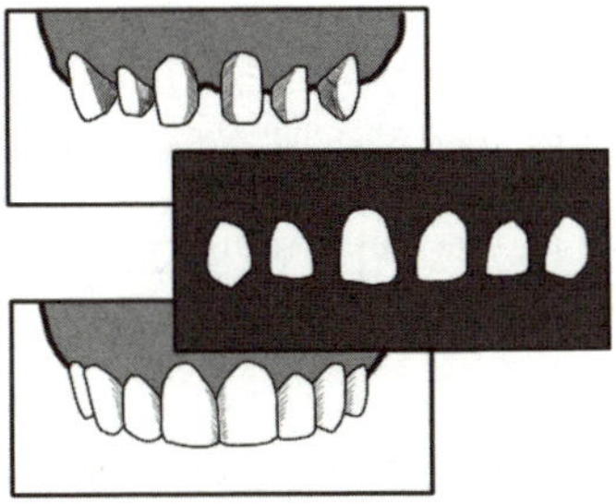

치아를 깎아내고 얇은 세라믹을 붙여주는 라미네이트는 상대적으로 적은 시간과 비용으로 만족스러운 결과를 얻을 수 있다. 치과 재료와 접착기술의 발달로 가능해진 일이다.

로 성형 목적으로 인기가 많은 치과 치료 술식이다.

라미네이트 시술은 세라믹 가공과 접착제 기술의 발달로 가능해진 비교적 최근의 이야기다. 원래 세라믹은 도자기, 타일 등에 사용하던 고급 재료였다. 치과 재료 중에서 치아와 가장 유사한 색상을 구현할 수 있다는 매력이 있지만 가공하려면 고온의 열처리가 필요하다. 금속에 비해 강도가 떨어지므로 입안에서 깨지기 쉬워 과거에는 얇게 만드는 것이 불가능했다. 치과용 레진 접착제가 개발되기 전까지 치아를 깎고 그 위에 세라믹을 붙이는 것은 매우 어려운 일이었다.

최초로 도재가 치과 분야에 활용된 것은 1789년 프랑스에서였다. 치과의사 드 셰망De Chément(1753~1826)과 약사 뒤샤토Alexis Duchâteau가 공동으로 도재 틀니를 개발하여 특허를 취득했다. 치아가 전혀 없는 환자는 깎거나 붙여야 할 치아가 없다 보니 틀니 제작이 상대적으로 쉬웠다. 동물이나 다른 사람의 치아, 상아 등을 깎고 이어 붙여 만든 기존의 틀니는 시간이 지나면 녹거나 부패해서 냄새가 심했다. 반면 도재로 만든 틀니는 이러한 문제점을 개선하여 훨씬 위생적이고 심미적으로 뛰어났다(나무로 만든 변기와 도자기 재료로 만든 변기를 상상해서 비교해보자).

이후 전체 틀니보다 치아 하나하나를 대체하는 도재 크라운 제작이 시도되었으나, 강도와 접착 문제를 기술적으로 해결하지 못한 채 오랜 시간이 흘렀다. 1950년대, 드디어 내부에 금속을 덧대고 표면에 세

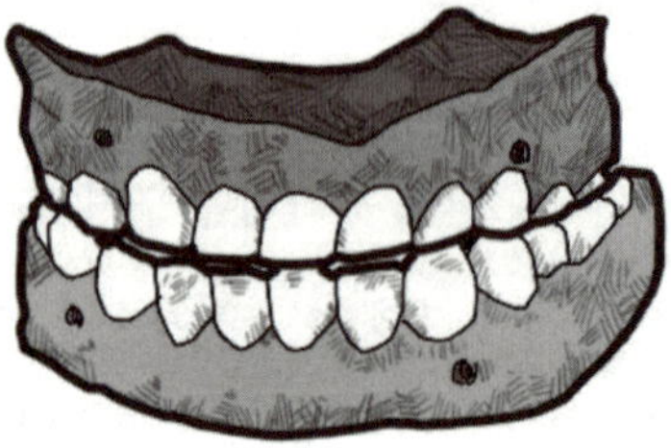

세라믹이 처음 치과에 도입된 18세기에는 얇게 가공하고 접착시키는 기술이 없어서 전체 틀니에만 제한적으로 사용했다. 그래도 동물이나 다른 사람의 치아로 만든 틀니보다 훨씬 위생적이었다.

라믹을 입힌 금속도재관PFM, Porcelain Fused Metal이 개발되었고, 1970년대 국내에 도입되어 현재는 치과에서 기본 치료법으로 자리 잡았다.

PFM이 강도 문제를 해결하기는 했지만 내부가 어두운 색깔의 금속으로 되어 있어서 시간이 지날수록 잇몸이 어둡게 보이거나 빛에 따라 색깔이 부자연스러워 보이는 단점이 있었다. 특히 앞니에 사용할 경우에는 착색 문제뿐만 아니라 라미네이트보다 치아를 많이 갈아내야 하고 심한 경우 신경 치료까지 해야 하는 부담이 있었다. 최근 세라믹을 얇게 가공하는 기술과 접착제의 발전으로 심미적인 목적의 라미네이트가 가능해지면서 이러한 문제들이 해결되었다.

치아를 인위적으로 변형시키는 시도는 라미네이트가 처음이 아니었다. 지금도 어느 정도 그 의미가 남아 있기도 하지만, 고대 사회에서 치아는 젊음, 건강, 아름다움의 상징이었다. 이러한 상징성을 더욱 돋보이게 하기 위해 인간은 치아에 구멍을 뚫거나 갈아내고 착색했다. 의학이 발달하지 못해 수술이 불가능했던 과거에는 적극적인 성형이 불가능했으므로 그나마 만만한 치아에 손대는 것이 거의 유일한 성형 방법이었다.

고대 사회의 치아 성형은 단순히 미적인 개선 외에 주술적인 의미, 특정 집단의 신분을 나타내는 의미도 함께 가지고 있었다. 일종의 특별 신분증과 같았던 셈이다. 위턱의 좌우 앞니부터 송곳니까지 6개의 치아, 즉 상악 6전치는 사람의 얼굴에서 가장 눈에 띄는 치아들이다. 과거 치아 성형 부위와 현대의 라미네이트 시술 부위를 비교해보면,

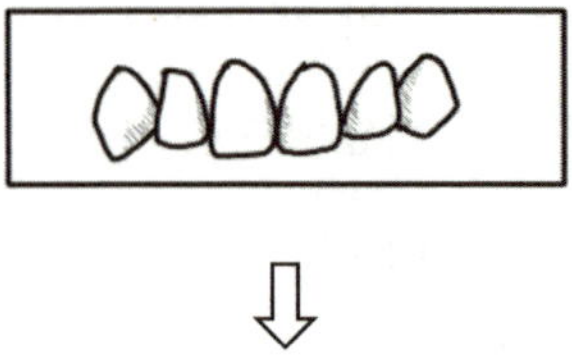

상악 6전치: 위턱 좌우측의 앞니부터 송곳니까지 6개의 치아다. 사람의 얼굴에서 가장 눈에 띄는 치아로 외모의 전반적인 인상을 결정한다.

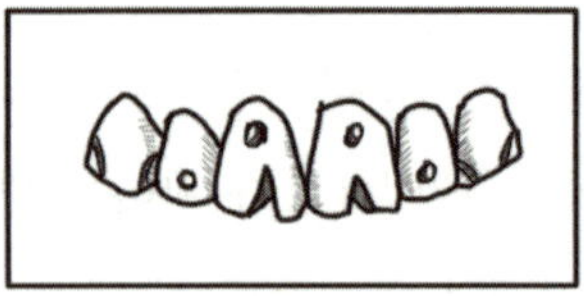

고대 사회에서는 심미·종교적인 의미, 신분의 상징으로 치아에 인위적인 변형을 가했다.

현대의 치과의사나 과거의 주술사, 치아 기술자들 모두 상악 6전치를 중요하게 여겼음을 알 수 있다. 과거와 현재를 막론하고 심미적인 아름다움과 상징성에 대한 사람들의 인식은 크게 차이가 없는 듯하다.

고대의 치아 변형술

고대 힌두교에서는 성인식을 치르면서 치아에 구멍을 뚫었다. 이렇게 함으로써 영혼을 오염시키는 분노, 교만, 탐욕 같은 악한 감정이 빠져나간다고 믿었다. 치아에 구멍을 뚫는 의식은 힌두교 문화권뿐만 아니라 중국, 동남아, 아프리카, 남미 등 다양한 지역에서 발견된다. 중국에서는 이미 7세기에 치아의 일부분에 금을 삽입하는 시술이 있었다.

일본에서는 치아를 검게 물들이는 오하구로お歯黒라는 풍습이 있었다. 고대 황족과 귀족들이 신분을 과시하기 위한 목적으로 사용

했으나, 에도 시대에는 게이샤 같은 화류계 종사자들의 특별한 화장법으로 자리 잡았다. 이후 메이지 유신을 계기로 폐지되었다. 지금은 전통 축제 때나 볼 수 있는 과거의 풍습으로 흔적만 남았다. 치석 제거, 미백 기술이 발달하지 못한 과거에는 치아가 누렇게 변하거나 충치로 치아가 망가져도 가릴 수 있는 별다른 방법이 없었다. 차라리 치아를 검게 물들이는 것이 심미적으로 더 유리했다.

치아를 검게 물들이는 일본의 오하구로 풍습

옛날 사람들이 치아를 변형시키는 것이 현대의 기준에서 보면 미련하거나 미개해 보일 수 있지만, 치아에 구멍을 뚫거나 화학적으로 착색시키는 것은 당시에 상당한 수준의 기술과 비용이 요구되는 작업이었다. 뼈보다 단단한 치아에 구멍을 뚫거나 다듬으려면 그보다 단단하고 정교한 기구가 필요했으며, 착색을 위해 염료를 가공하는 기술과 인체 반응에 대한 생물학적인 지식이 필요했다. 이러한 시술은 자본을 축적한 계층이 존재하고 계급이 발달한 사회에서 가능한 일이었을 것이다.

현대에는 치과용 도재 가공기술이 발전하여 물리적 성질이 개선되었고, 원하는 색상을 자유롭게 구현할 수 있게 되었다. 비교적 간단한 심미적 개선이 목적이라면 금속 도재관처럼 치아를 많이 깎거나 교정하지 않고도 치아를 최소한으로 깎아낸 후 얇은 라미네이트를 부착하여 단순호치의 아름다움을 얻을 수 있다.

과거에는 종교나 신분을 상징하기 위해 치아를 변형시켰지만, 현대에는 미적 개선을 위한 성형의 목적이 더 강해졌다. 이상적인 치아 색상도 검은색에서 흰색으로 바뀌었다. 하지만 치아 변형에 자본과 기술이 필요하다는 사실은 수천 년 전이나 지금이나 달라진 것이 없다. 어느 시대, 어느 곳에서든 인간은 아름다움이나 신분, 주술적인 목적으로 치아를 인위적으로 변형해왔다. 앞으로도 치과용 도재는 더 얇고 단단해지며 다양한 색상으로 발전할 것이다. 미래에도 많은 사람이 단순호치를 위해 치과의 문을 두드릴 것이기 때문이다.

치아 교정, 미소에 담긴 인류의 욕망

2021년 12월 글로벌 의료 기업 얼라인 테크놀로지Align Technology는 자사의 주력 상품인 인비절라인의 사용자가 1,100만 명을 돌파했다고 발표했다. 일명 '투명 교정'이라고 알려진 인비절라인은 일반적으로 교정치료 하면 떠오르는, 입안에 철길을 깔아놓은 듯한 복잡한 장치가 아니라 얇고 투명한 플라스틱 교정 장치였다. 얼라인 테크놀로지는 1997년 미국 실리콘밸리에서 벤처 기업으로 출발했다. 2020년에만 164만 5천 개가 판매된 인비절라인은 이 회사의 대표 상품이다. 비슷한 투명 교정 장치를 서비스하는 후발 주자들이 생겨났지만, 인비절라인이 구축한 위상은 여전히 독보적이다.

복잡한 교정에서는 아직 한계가 있다는 의견도 있으나, 불과 20년 만에 치과 교정 치료의 한 축으로 자리 잡으며 투명 교정의 대명사가 될 수 있었던 여러 요인 중 하나는 혁신적으로 개선된 편리함과 심미성일 것이다. 교정 치료를 직접 받아봤거나, 교정 중인 친구나 가족이 있다면 식사하고 나서 매번 꼼꼼하게 양치해야 하는 번거로움, 얼음이나 사탕을 먹다 교정 장치가 떨어지는 사고, 관리가 소홀해서 충치가 생기는 불편함을 직간접적으로 경험했을 것이다.

사춘기 시절, 교정 장치 때문에 입에 철길을 깔아놓은 듯한 외모를 감추고 누에고치가 나비가 되는 과정이라고 스스로를 위로하며 몇 년을 견뎌낸 사람들이 적지 않을 것이다. 철길과 같은 교정 장치든 혁신적인 투명 교정 장치든, 미세하고 꾸준한 힘을 치아에 가하면 치아 주변의 뼈들이 흡수와 침착을 반복하면서 이동한다는 생역학적 원리를 기반으로 한다.

5만 년 전 네안데르탈인의 유골에서도 덧니, 과잉치, 매복치, 불규칙한 치아 배열 등이 발견된다. 이러한 현상은 신석기 시대와 청동기 시대를 거치면서 더욱 빈번하게 나타났고, 현대에 와서는 훨씬 흔하게 발견된다. 많은 학자가 문명의 발달로 부드러운 음식 섭취가 증가하면서 현대인의 턱이 점점 작아지는 방향으로 진화했다는 점에 주목한다. 턱뼈가 작아지면 치아를 수용할 공간이 그만큼 줄어들어 불규칙한 치아 배열로 이어진다고 보는 것이다.

치아에 미세한 힘을 지속적으로 가하면 치아가 움직이는 현상은 이미 고대인들도 알고 있었다. 사람의 치아와 턱뼈에 대한 해부학적 지식이 거의 없다시피 했던 그 시절에도 치아를 금속이나 실로 묶어서 이동시켰던 흔적이 남아 있다. 고대 이집트 미라에서 동물의 창자로 만든 실이나 금으로 된 와이어를 이용하여 빠진 치아를 대체하거나 이탈된 치아를 제자리에 고정한 흔적이 발견된다. 이러한 시술은 교정보다는 보철 치료에 가깝지만, 현대처럼 치과 치료가 명확하게 구분되지 않았고 기록이 남아 있지 않아서 미라에 남아 있는 재료만으로 당시의 치료를 추측해볼 수밖에 없다. 금으로 만든 가느다란 와이어로 치아를 묶어서 바르게 배열하는 시도는 에트루리아(고대 이탈리아 중부에 번성했던 문명으로, 나중에 로마에 통합된다)와 로마의 매장된 시신에서도 찾아볼 수 있다. 사실 정확한 기록이 남아 있지 않아서 이 장치들의 용도에 대해 정확한 결론을 내릴 수는 없지만 말이다.

하지만 이미 2천여 년 전부터 히포크라테스나 갈렌은 성장기 교정에서 중요한 개념인 치아의 발생, 유치와 영구치의 교환 과정에서 부정교합이 발생할 가능성 등을 알고 있었다. 이후 18세기 프랑스에서 피에르 포샤르Pierre Fauchard(1678~1761)가 등장할 때까지 기록상 특별한 발전은 찾아보기 어렵다. 그는 1723년, 지금 봐도 충분히 사용 가능한 교정 장치를 고안해냈다. 치열을 확장시켜 불규칙하게 배열된 앞니들을 바르게 펼 수 있도록 공간을 넓혀주는 장치였다. 포샤르는 12~22세 사이의 환자 12명에 대한 교정 치료 증례를 소개했다. 공간

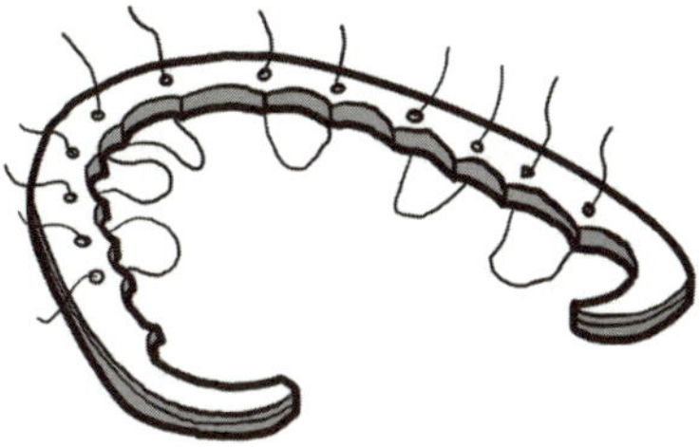

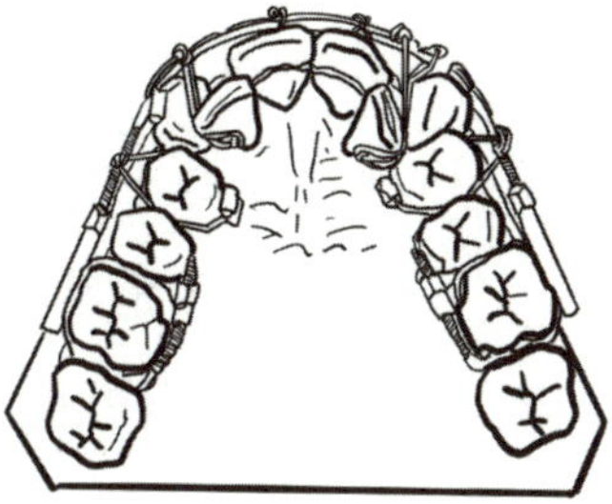

피에르 포샤르의 치열 공간 확장 장치와 앵글의 교정 장치

이 부족하면 치아의 옆면을 갈아내어 공간을 확보하고 겸자를 이용해서 치아를 이동시키는 방법을 사용했다.

18~19세기는 교정 치료가 현대적인 모습을 갖추기 시작한 시기였다. 치아를 가지런하게 배열하기 위해서는 공간을 확보해야 했는데, 사랑니를 발치하거나 구강 내 장치를 만들어 사용했다. 1819년에 오늘날 우리가 흔히 떠올리는 '철길' 모양의 브래킷이 처음으로 소개되었다. 이후 다양한 교정 장치와 치료 방법이 우후죽순처럼 생겨났다. 1800년대 말 현대 교정학의 아버지로 불리는 앵글Edward Angle(1855~1930)이 등장하면서 교정은 체계적인 치료 방식을 정립하고 치과학의 한 전문 분과로 자리 잡았다. 그는 교정 치료에서 힘의 적용, 치아 이동 시 고정원 확보, 이상적인 교합의 정의 등을 제시했다. 그가 제시한 개념은 100년이 지난 지금까지도 교정 치료의 기본 원리로 활용되고 있다.

그러나 입안에 철사와 브래킷을 붙이고 몇 년을 지내는 것은 상당한 부담이 된다. 특히 교정 치료 연령대가 주로 10~20대인 것을 고려하면, 외모에 민감한 시기에 환자가 감수해야 할 부분이 결코 적지 않다. 결국 환자의 필요가 의료 기술 진보의 원동력이 된다. 치아 바깥쪽에 금속 브래킷을 붙이고 철사를 이용해서 불규칙한 치아를 배열하는 것이 고전적이고 확실한 교정 치료법이지만, 외모에 대한 부담을 줄이기 위해 브래킷을 치아 색과 유사한 도자기 재료나 레진으로 만들거나 치아의 뒷면, 안쪽(혀 쪽)에 브래킷을 부착하는 교정법이 개발되었다. 도자기나 레진은 재료의 성질 면에서 금속보다 강도가 약하고, 설측 교정은 치아의 이동을 정밀하게 제어하기 어렵다는 단점이 있지만, 환자들의 꾸준한 요구는 재료 개선과 다양한 역학적 기법을 이끌어냈다. 투명 교정 또한 이러한 개선이 축적되어 나온 결과물이라고 할 수 있다.

비잔틴 제국의 의사 파울루스Paulus Aegineta(625~690)는 원시적인 치아 교정에 관해 다음과 같이 기록했다. "과잉치(정상 치아 외의 잉여 치아)는 치열을 불규칙하게 만들므로 제거해야 한다. 다른 치아들보다 돌출된 치아는 기구를 사용해 튀어나온 부위를 갈아내야 한다." 그는 기록 말미에 "여성의 불규칙한 치열은 보기 좋지 않다"라고 덧붙였다. 가지런한 치열, 아름다운 미소에 대한 욕구는 결코 일시적인 유행이 아니었다. 이집트 미라도 매장할 때 금속 와이어를 이용해서 치열을 가지런하게 정돈해주었다. 사후 세계에서도 자신감 있는 미소는 필수 요소라고 생각했을 것이다. 수천 년에 걸친 아름다운 미소에 대한 욕망은 오늘날에도 치아 교정 방식을 혁신시키고 있다.

마취제를 발견하기 30년 전에 벌어진 워털루 전투에서는 밀집 대형을 향한 집중 사격과 대포의 위력적인 사용으로 인해 엄청난 사상자가 발생했다.

당시의 의학 기술로는 머리나 복부에 심각한 부상을 입으면 살아남는 것이 거의 불가능했다. 결국 군의관들이 행한 대부분의 수술은 감염이 심각하게 진행되기 전에 팔과 다리를 절단하는 것이었다.

마취제 대신 술과 아편을 사용했지만, 항상 전쟁 물자가 부족했다. 결국 가장 강력한 '마취제'는 불굴의 용기, 즉 고통을 그대로 참아내는 것이었다.

한편, 중세 이슬람의 의사들은 마약이나 알코올을 적신 스펀지, 일명 '아랍 스펀지'를 활용하여 마취를 시도했다.

마취 스펀지를 이슬람 의사들이 처음 사용한 것은 아니었다. 고대 로마에서도 죄수들을 십자가에 처형할 때 고통을 덜어주기 위해 스펀지를 사용하기도 했다.

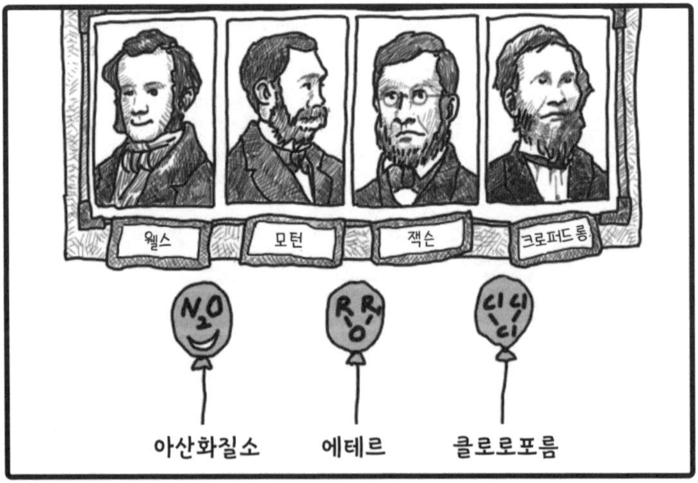

마취의 발견은 네 명의 주인공과 세 가지의 약물이 만들어낸 드라마였다.

웰스(Horace Wells, 1815~1848)는 당시 유행하던 웃음가스(아산화질소) 파티에 참석하면서, 가스가 통증에 대한 감각을 둔화시키는 효과가 있음을 직접 목격하게 된다.

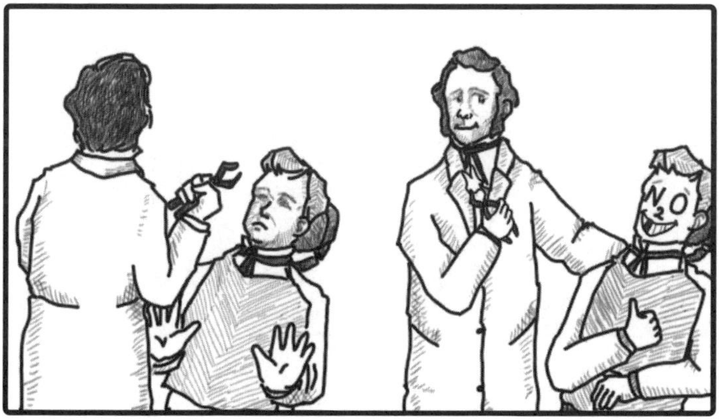

치과의사였던 웰스는 아산화질소를 이용한 무통 발치에 성공했다.

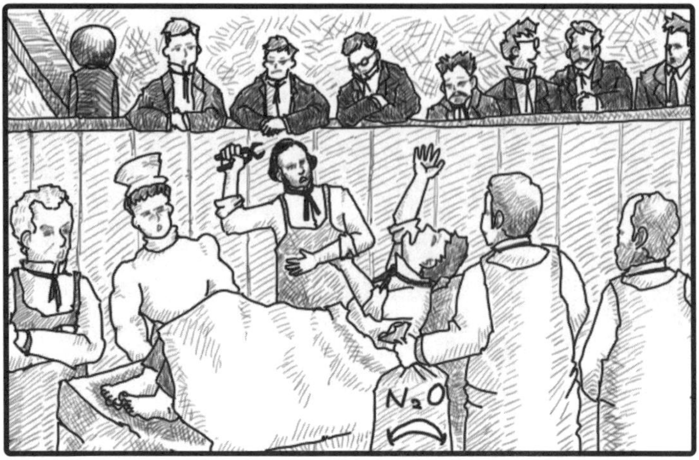

아산화질소 마취에 성공한 웰스는 하버드 의과대학에서 공식적인 흡인 마취 시연을 하지만, 결과적으로 실패해 사기꾼으로 전락하고 말았다.

그 사건으로 웰스는 개업을 중단했다. 그러나 그가 운영하던 치과는 제자가 인수받아 아산화질소를 이용한 무통 발치는 계속될 수 있었다.

모턴(William Morton, 1819~1868)은 매사추세츠 의과대학에서 화학과 교수 잭슨(Charles T. Jackson, 1805~1880)과 알고 지냈다. 잭슨은 모턴에게 에테르의 마취 효과를 알려주었다. 개업 치과의사였던 모턴은 에테르의 상업적 잠재성을 바로 알아보았다.

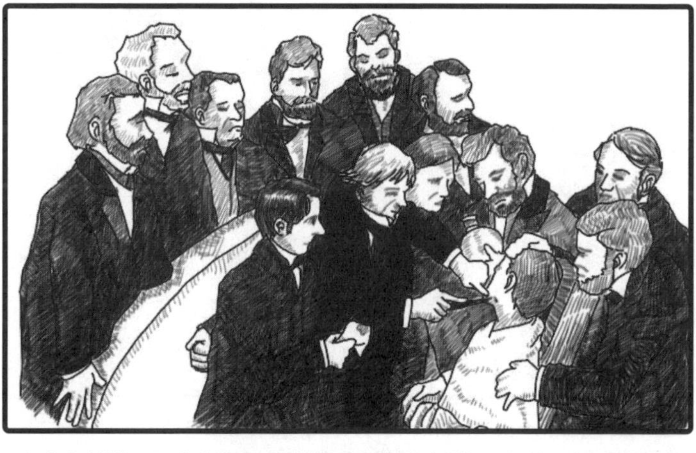

몇 번의 시행착오 끝에 에테르를 이용한 무통 발치에 성공한 모턴은 1846년 10월 16일 매사추세츠 종합병원의 원형 수술장에서 에테르를 이용한 흡인 마취를 성공적으로 시연했다. 의학사에 이정표가 되는 역사적 순간이었다.

모턴은 '레테온'이라는 이름으로 에테르 특허를 출원해 자신의 병원에 도입했을 뿐만 아니라, 레테온 사용 면허를 의사들에게 정기적으로 판매하여 엄청난 돈을 벌었다.

크로퍼드 롱(Crawford W. Long, 1815~1878)은 자신이 4년 전에 먼저 마취 수술에 성공했다고 주장했지만 공식적인 발표를 하지 않아 인정받지 못했다. 잭슨도 뒤늦게 에테르에 관한 자신의 권리를 주장하고 특허권의 일부를 지분으로 받았지만 영광은 여전히 모턴의 것이었다.

1846년은 공식적으로 최초의 흡인 마취가 성공한 해였다. 하지만 최초의 발견자라는 영광을 둘러싼 모턴, 웰스 그리고 잭슨의 평생에 걸친 싸움은 이제부터 시작이었다.

하버드에서의 실패 후 웰스는 유럽으로 건너갔다. 마취에 관심이 많았던 유럽 의학계는 웰스를 반겼고, 자신감을 되찾은 그는 미국으로 돌아가기로 마음먹는다.

미국에 돌아온 웰스는 아산화질소, 에테르, 클로로포름을 이용한 마취 시술을 계속하면서 마취 분야에서 자신의 입지를 다져갔다.

그러나 웰스는 몇 차례의 실패를 거듭한 끝에 결국 클로로포름에 중독되어 나락으로 떨어지고 만다.

그는 매춘부에게 산acid을 던진 혐의로 경찰에 체포되어 검거되었고, 감옥에서 자살로 생을 마감하고 말았다.

잭슨은 에테르의 안전성이 아직 검증된 것은 아니라고 생각했기 때문에 모턴이 에테르 마취 시연을 할 때 현장에 함께하지 않았다.

1846년 10월 16일 역사적 현장의 주인공은 모턴이었다. 잭슨은 쓴 입맛을 다셔야 했다.

잭슨은 평생에 걸친 논문과 기고를 통해 마취 발견에 관한 자신의 업적을 주장했다.

이러한 노력 덕분에 어느 정도의 인정은 받을 수 있었지만, 그 대신 그는 엄청난 스트레스에 시달렸다. 결국 말년은 정신병원에서 보내야 했다.

모턴은 역사적인 순간의 주인공이 되었지만, 극단적인 종교주의자들의 비난과 동료 의사들의 질투를 받았다. 20년 동안 '최초 마취 발견자'라는 영광을 지키기 위해 경쟁자들과 지속적인 분쟁을 겪었고, 1868년 뇌출혈로 세상을 떠난다.

웰스, 모턴, 잭슨은 마취의 발견에 공헌했지만 불행한 말년을 보냈다. 그럼에도 사람들은 지금까지 그들의 업적과 열정을 기념하고 있다.

200년 남짓한 시간 동안 마취 기술은 의료 혁신과 함께 수많은 수술을 가능하게 해주었다. 마취를 발견한 이들이 가져온 혁신은 그들의 극적인 이야기와 어우러져 인류에게 불을 전해준 프로메테우스의 전설을 떠올리게 한다.

얼굴뼈는 피부와 점막이 덮고 있어야 비로소 인간다워진다. 과거에는 30~40년 정도 사용했던 점막을 이제는 100년 가까이 사용하게 되었다. 그만큼 점막은 더욱 다양한 외부 환경에 노출되고 더 오랜 시간 사용될 것이다. 점막을 어떻게 사용하는가, 어떤 운명을 맞이하는가는 사용하는 인간에게 달려 있다.

2장

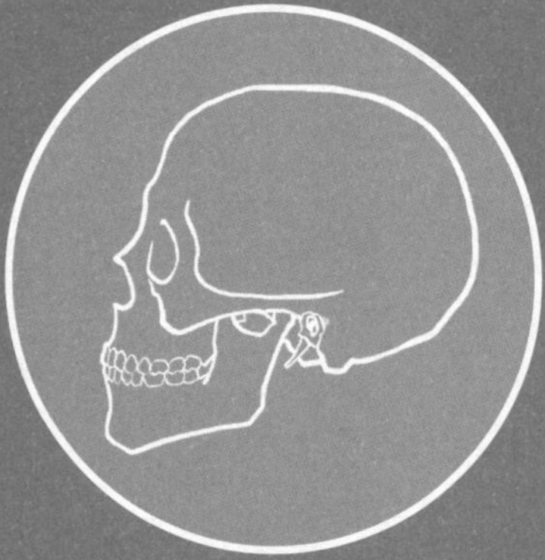

얼굴뼈를
인간답게 만드는 것

부인, 내 혀가 아직 붙어 있소?
혀

우리가 일반적으로 가지고 있는 혀의 이미지와 실제 혀는 약간 거리가 있다. 아마 매체의 영향으로 생긴 고정관념이 아닐까 싶다. 혀라고 하면 보통 아기공룡 둘리처럼 입 밖으로 살짝 빼어 물고 메롱하는 작고 붉은 살덩어리나 공포 영화의 괴물처럼 끝없이 목구멍에서 뻗어 나오는 촉수를 떠올리는 사람들이 많을 것이다. 하지만 사람의 혀는 10센티미터 정도 길이의 근육 덩어리다. 옛사람들은 '세 치 혀'라는 표현을 자주 썼다. 한 치가 3센티미터 정도 되니 실제 혀의 길이와 거의 일치한다.

목구멍 깊은 곳에서 시작되는 혀를 직접 뽑아보지 않는다면 알기 어려웠을 텐데, 해부학이 발달하지 않았던 시절에도 혀의 길이는 꽤 정확하게 알고 있었던 셈이다. 그 시절 우리는 알 수 없는 잔혹한 행동이 사람의 혀에 이루어졌을지도 모른다는 서늘한 상상을 하게 된다. 인간을 비롯해 동물의 몸에서 혀만큼 순도 높고 잘 정돈된 근육으로 이루어진 기관은 없을 것이다. 그만큼 섬유성 단백질이 풍부해서 동물의 혀는 오래전부터 고급 요리의 재료로 쓰였다.

한편, 혀는 섬세하게 잘 발달된 근육을 가진 체조 선수다. 위아래 턱뼈maxilla and mandible와 목뿔뼈hyoid bone에 자신을 팽팽하게 고정하고 다양한 동작을 소화한다. 그리고 강력하고 불끈거리는 근육을 이용해 음식물 덩어리를 휘젓고 뒤섞어서 소화가 쉽도록 만든다. 그렇다고 머릿속까지 근육으로 가득 찬 마초도 아니다. 미각이라는 특수하면서 예민한 감각을 가지고 있는 지적인 존재다. 매일 삼시 세끼 다양한 음식을 품평하고 머릿속에 정리해두는 우리 몸의 미쉐린 가이드 편집장이다. 이 세 치밖에 안 되는 살덩어리는 가끔씩 주인의 운명과 함께 역사의 흐름을 바꾸기도 했다.

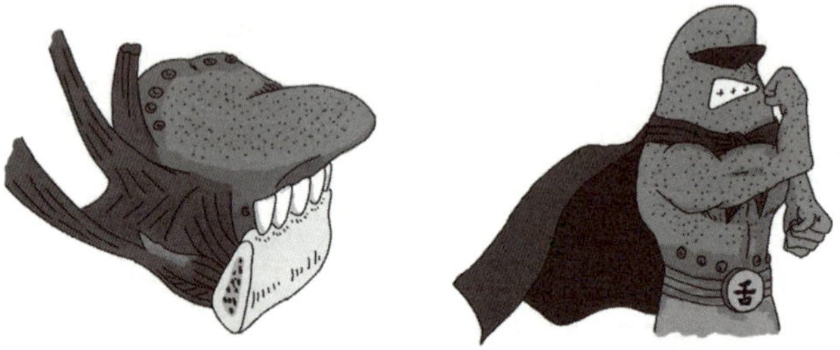

혀는 잘 발달된 근육을 가진 유연한 운동선수다.

혀의 해부학

혀는 좌우 대칭의 기관이다. 혀중격을 중심으로 좌우 대칭적으로 근육, 혈관, 신경이 자리 잡고 있다. 혀 근육들은 점막이 대충 둘러싼 단순한 근육 덩어리가 아니라 정교하게 배열된 여러 근육의 조합이라고 봐야 한다. 혀는 4개의 겉근육과 4개의 속근육으로 구성되어 있다. 겉근육은 턱끝혀근genioglossus muscle, 목뿔혀근hyoglossus muscle, 입천장혀근palatoglossus muscle, 붓혀근styloglossus muscle이 있다. 이 근육들은 주변의 뼈에 붙어서 입안의 혀가 있어야 하는 자리로 뻗어 들어와 혀의 속근육에 연결된다. 아래턱뼈, 위턱뼈, 설골(목뿔뼈) 등 겉근육들이 붙는 뼈들은 입안에 떠 있는 혀가 자리 잡을 수 있는 고정장치 역할을 한다. 마치 꼭두각시 인형을 팔다리의 실로 조종하듯 근육들이 서로 팽팽해지거나 느슨해지면서 혀를 움직인다.

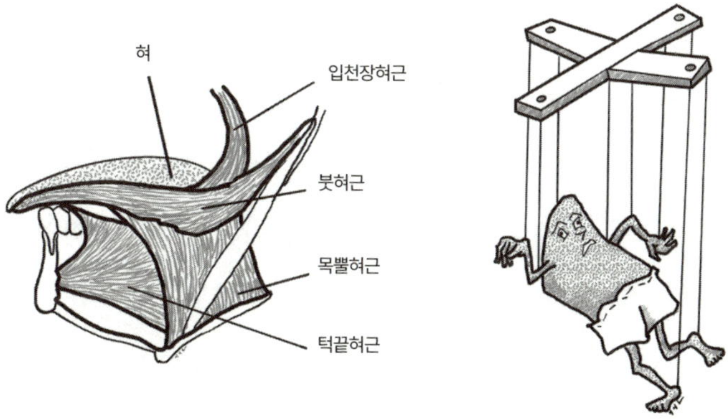

혀의 겉근육들. 꼭두각시 인형을 조종하는 실처럼, 팽팽해지거나 느슨해지면서 입속의 혀를 자유자재로 움직인다.

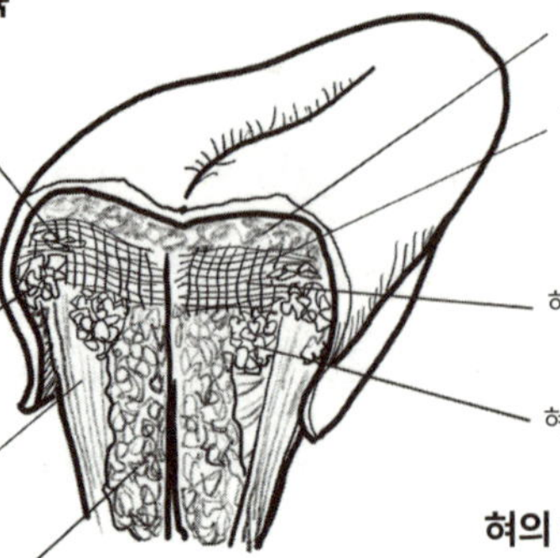

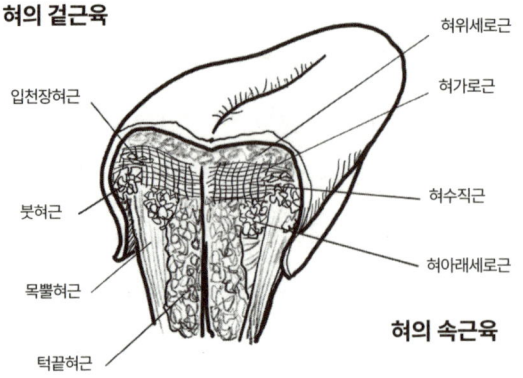

혀의 겉근육과 속근육의 배열

혀의 속근육에는 혀위세로근superior longitudinal muscle, 혀아래세로근inferior longitudinal muscle, 혀가로근transverse muscle, 혀수직근vertical muscle이 있다. 이들은 혀 속에서 서로 얽혀 있으며 혀의 모양을 자유롭게 변형한다. 가령 혀위세로근, 혀아래세로근은 혀를 짧게 만들고, 혀가로근은 혀를 좁고 길게, 혀수직근은 혀를 납작하게 만든다.

혀는 근육을 통해 다양한 형태를 만들 수 있으므로 인간은 자유로운 혀놀림이 가능하다. 이 기능은 입안에 들어온 음식을 소화하기 좋게 적절히 섞어주고 삼킬 수 있게 해주지만, 무엇보다 중요한 것은 다양한 발음을 낼 수 있어서 동물들은 따라 할 수 없는 복잡한 언어 체계를 만들 수 있다는 점이다. 이것은 인간을 인간답게 하고, 문명을 발전시키는 데 가장 중요한 요소였다. 인간의 혀가 복잡하고 정교한 운동을 구현할 수 있는 기관이기에 가능한 일이었다.

혀는 입안의 균형자 역할을 한다. 자유자재로 움직일 수 있는 근육의 집합체인 만큼 정교한 운동이 가능하다. 틀니는 입술과 혀가 서로 팽팽한 중간 지대를 만들어주므로 잇몸에서 빠지지 않고 유지될 수 있다. 혀의 균형이 깨진다면, 예를 들어 혀를 내미는 습관이나 전신 질환과 관련되어 혀가 커지면, 틀니도 유지될 수 없고 치아들도 앞으로 빠드러지면서 부정교합이 생길 수 있다. 파킨슨병이나 다른 신경계통의 질환으로 혀의 운동능력이 저하된다면 말도 어눌해지고 음식을 삼키는 것도 힘들어질 것이다.

혀에는 세 가지 신경이 분포되어 있다. 먼저, 혀의 정교한 동작과 형태 변화를 가능하게 해주는 운동신경인 혀밑신경hypoglossal nerve이 있다. 뇌신경 중에서 12번째에 해당하는 순수 운동신경이다. 혀는 좌우 대칭의 기관이므로 어느 한쪽의 혀밑신경이 다치면 손상받은 쪽으로 혀가 쏠리거나 위축되고, 발음과 음식 삼키기, 씹기가 어려워진다. 자동차의 한쪽 타이어가 펑크 나면 달릴 때 펑크 난 쪽으로 쏠리는 것과 같은 이치다.

이제 혀의 감각에 대해 살펴보자. 혀에는 두 가지 감각신경이 있다. 하나는 촉각을 담당하는 일반 감각신경이고, 다른 하나는 인간의 삶에 매우 중요한, 맛을 느끼는 특수 감각신경이다. 미각은 맛있는 음식을 즐기며 인생을 풍요롭게 해주는 감각이기도 하지만 해로운 음식, 독극물 등을 구별하여 생존에 필수적인 역할을 하기도 한다. 맛있는 음식을 즐기는 것은 소소하지만 분명한 인생의 낙이다. 인간에게 미각이 없다면 삶의 재미야 말할 것도 없고, 음식과 관련된 문화의 발전도 없었을 것이다. 맛있어 보인다고 아무것이나 먹다가 병에 걸리거나 죽는 사람도 많았을 것이다. 향신료, 설탕이 인간 생활에 미치는 영향도 현재와 비교가 되지 않을 정도로 미미했을 것이다. 향신료를 얻기 위해 시작된 대항해 시대와 사탕수수 농업으로 촉발된 노예무역, 각종 상공업이 완전히 다른 방향으로 전개되었을지도 모른다. 미각이 없었다면 인류의 역사가 완전히 달라졌을 거라고 생각한다면 너무 앞서나간 것일까?

혀가 당신에게 보내는 신호

혀는 겉으로는 단순한 근육 덩어리처럼 보이지만, 실제로는 매우 복잡하고 정교한 기관이다. 표면은 점막으로 덮여 있고 혈관이 풍부하게 발달해 작은 상처에도 피가 많이 날 수 있다. 사극에서 혀를 깨물어 자결하는 장면을 가끔 볼 수 있지만, 실제 이것은 거의 불가능하다. 혈관이 풍부하지만 매우 작은 모세혈관이 대부분이고, 자신이 깨물어서 굵은 혀동맥을 셀프 절단하는 것도 거의 불가능하다. 보통 잠시 동안은 피가 많이 나도 혈액 응고에 문제가 없는 건강한 사람이라면 상처 부위를 압박할 경우 금방 지혈된다. 어떤 사람들은 혀를 깨물면 잘린 혀가 목구멍으로 말려 들어가서 기도를 막아 사망할 수도 있다고 하지만, 이것도 해부학적으로 불가능하다. 앞에서 언급한 것

혀의 감각

혀는 위치상 앞쪽 2/3와 뒤쪽 1/3의 신경과 조직 분포가 많이 다르다. 앞쪽 2/3의 맛은 뇌의 12신경 중 일곱 번째인 안면신경facial nerve이, 뒤쪽 1/3은 혀인두신경glossopharyngeal nerve이 담당한다. 혀의 점막에 퍼져 있는 혀 유두 가장자리에 미각세포들이 겹쳐 있고 미각신경이 여기에 연결되어 있다. 안면신경에서 나온 고삭신경chorda tympani nerve이 턱으로 내려와서 일반 감각을 담당하는 혀신경lingual nerve과 결합해 혀에 분포한다. 혀신경은 뇌신경 중 다섯 번째 신경인 삼차신경trigeminal nerve의 한 가지다. 고삭신경과 결합한 혀신경은 혀의 앞쪽 2/3 부위의 일반 감각을 담당한다. 나머지 뒤쪽 1/3의 일반 감각은 혀인두신경이 담당한다. 혀신경은 사랑니 부위에서 안쪽을 지나 혀로 들어가므로 구강수술이나 외상으로 인해 다치기 쉽다.

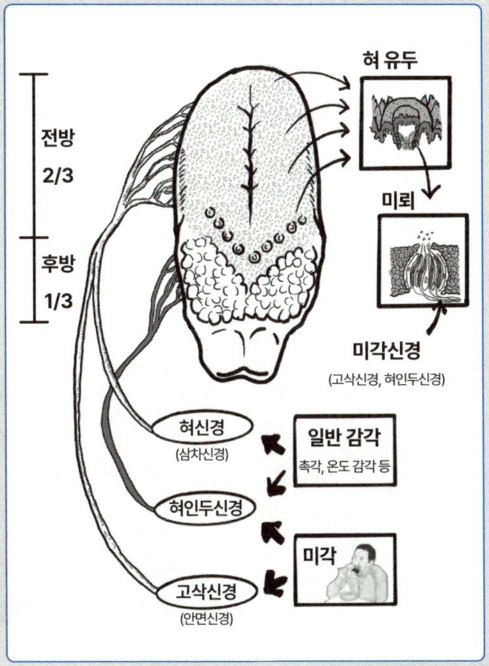

처럼, 혀는 근육들이 주변의 뼈들에 붙어 팽팽하게 허공에 고정된 상태와 같다. 혀 자체의 근육 일부가 떨어져나간다고 해서 이런 공간적인 균형이 무너지지는 않는다.

한편, 풍부한 혈관과 그것을 덮고 있는 점막은 신체 상태를 나타내는 정밀 신호기로 작동한다. 과거 별다른 진단 장비가 없던 시절, 사람들은 환자의 혀를 보고 신체 상태를 어느 정도 파악하곤 했다. 심지어 혀로 관상을 보기도 했다. 가령 혀에 주름이 많으면 부자가 된다거나 혀를 내밀어 코에 닿으면 높은 지위에 오른다는 식의 속설이 있었다. 현대 의학적 관점에서 보면 전혀 근거 없는 이야기지만, 옛날부터 혀는 인간의 얼굴에서 상당히 임팩트 있는 부위인 것은 분명하다.

그러나 혀의 표면, 색깔 등은 환자의 전신 상태를 어느 정도 파악하는 데 일차적인 근거가 될 수 있다. 영양실조, 에이즈(후천성 면역결핍증후군AIDS),면역 저하, 항암 치료 등 비정상적인 상태에 있거나 환경이 개선되지 않으면 혀에 변화가 나타난다. 혀를 덮고 있는 상피가 떨

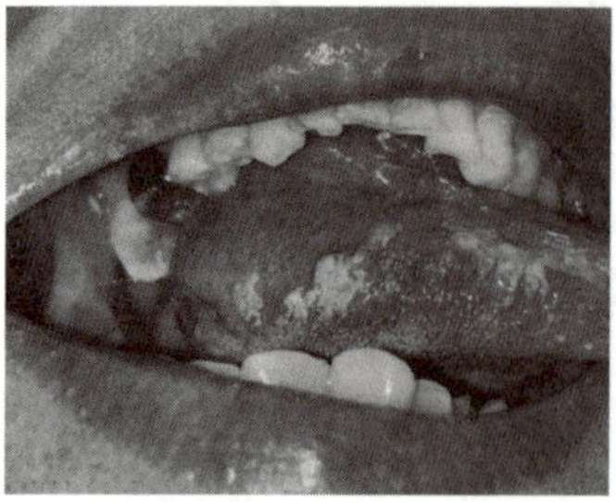

구강 칸디다증

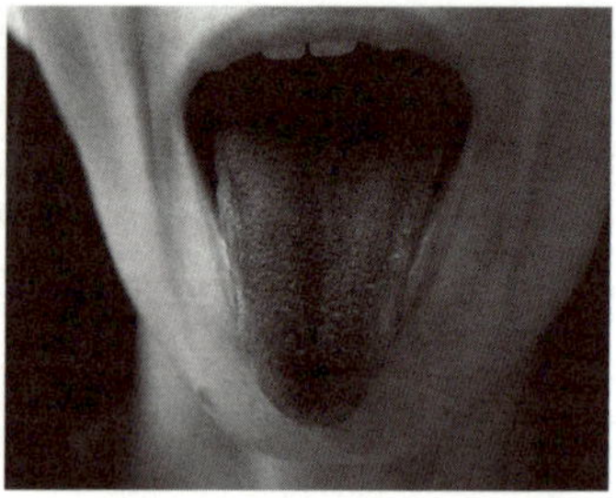

설모증

어져나가고 염증이 생기거나, 표면에 세균과 곰팡이가 증식한다(구강 칸디다증Oral candidiasis). 몸의 대사에 이상이 생기면 혀가 커지기도 한다. 이러한 상태는 원인을 제거하지 않으면 장기간 지속되며 음식을 섭취하거나 말하는 데 어려움이 생긴다.

외부적 요인으로 흡연과 불량한 구강 위생이 혀의 상태 변화에 가장 큰 기여를 한다. 설모증hairy tongue이 대표적이다. 마치 혀에 털이 자라는 것 같아 보여서 설모증이라는 이름이 붙었지만 실제 혀에 털이 자랄 수는 없다. 정상적인 혀 점막에 있는 유두 조직에 각질이 증식하면서 밖에서 보면 마치 털이 자라는 것처럼 보인다. 흡연, 먹는 음식 등에 따라서 색깔이 다양하게 나타날 수 있고, 단백질이 풍부해 각종 세균이나 곰팡이들에겐 기회의 땅이다. 만약 특별한 외상 없이 당신의 혀 일정 부분이 붉게 변하거나, 궤양이 생기거나, 털이 자란다면 혀가 당신의 몸이나 생활 습관에 이상이 있다는 경고를 보내는 것이다.

죽고 사는 것은 혀에 달렸다

옛날 사람들에게 혀는 어떤 의미였을까? 고대 중국의 갑골문에서 혀를 의미하는 한자의 원시적인 형태를 볼 수 있다. 아래쪽 입을 의미하는 입 구口 자 위로 길게 뻗어 끝에서 둘로 갈라진 뱀의 혀

갑골문에 나오는 글자 '혀'

를 합쳐서 혀 설舌이라는 한자가 발달했다고 한다. 혹은 입 구口와 일한다는 의미의 간干이 합쳐져 입안에서 음식을 섞고, 삼키며, 말하는 등 일하는 것을 형상화한 것이라는 해석도 있다. 어느 쪽이 되었든 적어도 사람들은 문자를 만들던 고대부터 혀가 입안에서 매우 중요한 장기라는 것을 인식하고 있었다.

모국어를 영어로 'mother tongue'이라고 한다. 단순 해석하면 '엄마의 혀'라는 의미다. 2개 국어를 하는 사람은 bilingual(bi + lingual, 두 개의 혀), 3개 국어를 하는 사람은 trilingual(tri + lingual, 세 개의 혀), 4개 국어를 하는 사람은 quadrilingual(quadri + lingual, 네 개의 혀)이라고 한다. 모국어는 아기 때 자연스럽게 엄마에게 배우므로 '엄마의 혀'라고 할 수 있으며, 언어 하나에 혀 하나로 볼 수도 있겠다. 동양이나 서양 모두 혀는 곧 언어를 의미했다. 여러 개의 근육으로 이루어진 혀는 입안에서 말 그대로 온몸으로 말한다. 자유자재로 자신의 몸을 변화시키면서 다양한 발음을 발생시키고, 이를 통해 말이라는 것이 가능해진다.

한때 영어 발음 교정 수술이 유행한 적이 있다. 혀와 입바닥 사이를 연결하는 얇은 띠가 있다. 이것을 설소대라고 한다. 설소대가 과하게 발달하면 발음에 지장을 줄 수 있지만, 이것을 수술로 잘라줘야 할 정도로 심한 사람은 매우 드물다. 하지만 십수 년 전 설소대를 잘라주면 영어 발음을 잘할 수 있다고 알려져 한동안 부모들이 아이들에게 설소대 절제술을 시켜주는 경우가 꽤 많았다. 멋진 영어 발음을 위해 혀에 칼을 대는 것도 마다하지 않을 정도로 혀는 언어 그 자체라고 할 수 있었다. 꼭 발성을 하지 않더라도 혀 자체의 동작으로 단순한 의사를 전달할 수 있다. 가령 혀를 앞으로 쭉 내미는 것은 대부분의 문화권에서는 상대방을 놀리거나 도발하는 행동이지만, 티베트에서는 단순히 반가운 인사에 불과하다.

원시 부족 사회에서는 거의 모든 사람이 노동으로 먹고살았다. 말로 먹고사는 사람은 제사장, 족장 정도로 극히 일부에 불과했다. 하지만 사회 시스템이 갖추어지고 국가라는 조직이 발달하면서, 혀로 먹고사는 사람들이 늘어나기 시작했다. 혀로 먹고산다는 것은 말로 먹고사는 것을 의미한다. 말로 먹고사는 사람들은 노동으로 먹고사는 사람들보다 더 많은 지식과 권력을 독점하고 부를 축적했다. 현대 사회에서는 더 많은 사람이 말로 먹고사는 직업을 가지고 있고, 사회적으로 영향력을 행사하는 위치에 있다.

몸의 두꺼운 근육들을 잘 쓴 사람보다 입안의 근육 덩어리 하나를 잘 쓴 사람이 역사에서도 굵직한 족적을 남기고 후세에까지 영향을 끼쳤다. 국가 간에 이루어진 전쟁을 보면 혀의, 좀 더 정확하게는 외교의 힘을 확인할 수 있다. 치열한 국가 간 다툼의 현장에는 세객說客들이 있었다. 중국 전국 시대에 많이 등장하는 이들은 문자 그대로 각 나라를 돌아다니며 군주에게 자신의 의견을 펼치는 사람들이었다. 이들은 정책의 입안자, 전쟁터의 참모, 외교관으로 역사에 등장한다.

대표적으로 합종연횡으로 유명한 소진蘇秦과 장의張儀가 있었다. 전

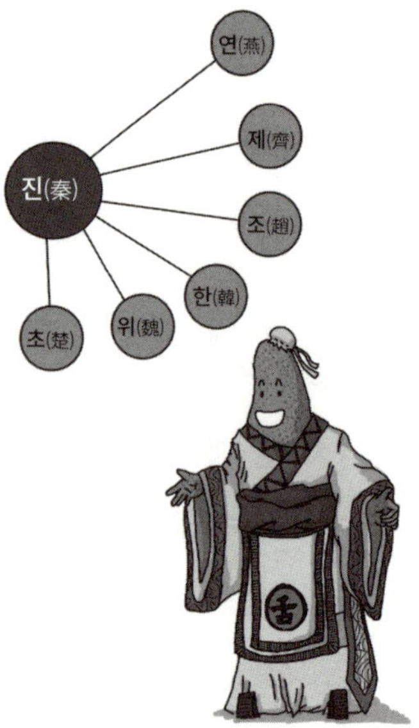

허로 합종연횡의 역사를 쓴 소진과 장의 같은 세객

국 시대 말기 강력한 진나라에 대항해 나머지 여섯 나라 세력의 연합을 이끌어낸 소진, 한편으로 그 연합을 분쇄하고 진나라의 중국 통일로 역사의 흐름을 바꾼 장의. 소진과 장의 모두 혀로 세상을 바꾼 사람들이었다. 장의는 세객 생활을 시작할 무렵 도둑이라는 오해를 받고 만신창이가 되도록 두들겨 맞은 적이 있다. 겨우 집에 돌아온 날 세객 노릇을 그만두라는 아내에게 이렇게 물었다고 한다. "부인, 내 혀가 아직 붙어 있소?" 아내가 괜찮다고 하자 비로소 안심했다고 한다. 세객에게는 혀야말로 자신의 밥줄이라는 것을 장의는 잘 알고 있었다.

시간을 100여 년 정도 흘려보내 다른 세객 한 명을 더 만나보자. 역이기酈食其는 초한전쟁 시절 유방 편에서 전략과 외교를 담당했다. 그는 당시 북방의 강국 제나라를 외교적인 방법으로 설득하여 유방에게 복속시키는 데 성공한다. 유방은 먼저 군사적인 방법으로 문제를 해결하기 위해 전쟁의 신이라고 불리던 한신을 보낸 상황이었지만 역이기가 먼저 가서 문제를 해결했다. 수십만 병사의 근육이 동원되어야 할 일을 단 한 사람이 입안의 근육으로 해결한 것이다. 10세기 고려의 외교관 서희도 거란과 고려의 전쟁을 외교 협상으로 해결했다. 서희의 혀는 국토를 상실할 위기를 반전시켜 오히려 한반도 서북의 요충지를 확보했다.

반대로 설화舌禍라는 말이 있다. 문자 그대로 '혀로 입는 화'라는 뜻이다. 고대 중국의 세객들처럼 혀를 통해 부와 명예를 얻고 역사의 흐름을 바꾸기도 하지만, 어떤 이들은 사소한 말실수로 그동안 쌓아온 노력이 한순간에 날아가기도 한다. 심지어 본인뿐만 아니라 가족과 일가 친척의 목숨까지 잃는 경우가 허다했다.

『탈무드』에 혀와 관련된 이야기가 있다. 주인이 종에게 시장에 가서 가장 맛있는 음식과 가장 맛없는 음식을 사오라고 하자 두 번 다 혀를 사왔다. 의아해하는 주인에게 종은 혀가 좋으면 그보다 좋은 것이 없고, 혀가 나쁘면 그보다 나쁜 것이 없다고 대답했다. 성경은 "죽고 사는 것은 혀의 권세에 달렸다", "되는 대로 하는 말은 비수처럼 찌르고, 지혜로운 혀는 상한 마음을 고친다", "혀를 지키는 사람은 그 영혼을 환난에서 보전한다"라고 말한다. 불교의 세계관에는 1,000개가 넘는 지옥들이 있다. 그중 혀와 관련된 발설지옥拔舌地獄이 있다. 이름 그대로 '혀를 뽑는 지옥'이다. 말로 죄를 지은 사람의 혀를 길게 뽑아 몽둥이로 두들겨서 넓힌 다음 쟁기질을 하고 나무를 심는 지옥이다. 이처럼 사람들은 오래전부터 양날의 검과 같은 혀를 조심스럽게 사용하라고 경고했다.

우리가 살고 있는 현대 사회에서도 혀가 끼치는 영향력은 여전하다. 사람들은 혀로 출세하기도 하고, 화를 당하기도 한다. 평범한 사람들뿐만 아니라 정치인이나 연예인 등 유명인들도 말 한마디로 그동안 쌓아왔던 모든 것을 잃어버리기도 한다. 특히 미디어의 발달로 말실수에 대한 전파 속도와 파급력은 어마어마해졌다. 설화로 입는 피해는 과거와 비교도 할 수 없을 정도로 엄청날 것이다. 하지만 기술이 발전하고 지식이 축적되면서 그만큼 혀, 즉 말로 먹고사는 직업의 종류는 많아지고 노동시장에서 그 가치도 높아졌다.

현대 사회에서 혀를 잃는다는 것은 과거에 비해 남은 인생에 끼치는 영향이 훨씬 크다. 만약 우리에게 먹는 즐거움과 소통의 방법이 하루아침에 사라진다면? 실제로 그런 일은 쉽게 일어나지 않는다. 일부러 혀를 뽑는 발설지옥은 현실에 존재하지 않는다. 하지만 현대 사회에서 질병으로 혀를 잃는 경우는 생길 수 있다. 바로 구강암이 그렇다. 혀에 암이 발생하면 치료를 위해서 암만 잘라내는 것이 아니라 정상적인 혀 근육까지 상당히 많이 포함해서 함께 제거해야 한다. 조금만 늦게 발견해도 혀의 반 혹은 대부분을 잃게 된다. 진료실에서 만나는 구강암 환자들에게 이런 얘기를 하면 가장 먼저 걱정하는 것이 당장 말하고 먹는 것이 불가능해지는 상황이다. 다행히 구강암을 제거하면서 허벅지나 팔목의 살을 이용해 혀를 재건할 수 있다.

하지만 의족을 차고 달리기를 할 수는 없고, 의수를 가지고 피아

노를 칠 수는 없다. 몇 년 전 개봉한 영화 「내부자들」에서 오른쪽 손목이 절단된 주인공이 의수를 끼고 라면을 맛있게 먹는 장면을 본 적이 있다. 결국 그도 의수보다는 익숙하지 않은 왼손으로 라면을 먹는다. 구강암 제거와 재건수술을 하며 수술의 한계를 지켜봐야 하는 의사의 입장에서 그 장면이 인상 깊게 다가왔다. 이처럼 의수는 의수일 뿐이고, 다른 살을 이어붙여 재건한 혀도 떨어져나간 혀를 메우고 있는 살덩어리에 불과하다.

이처럼 우리의 혀는 현대 의학으로도 완벽한 대체가 불가능한 특

영화 「내부자들」 중 한 장면

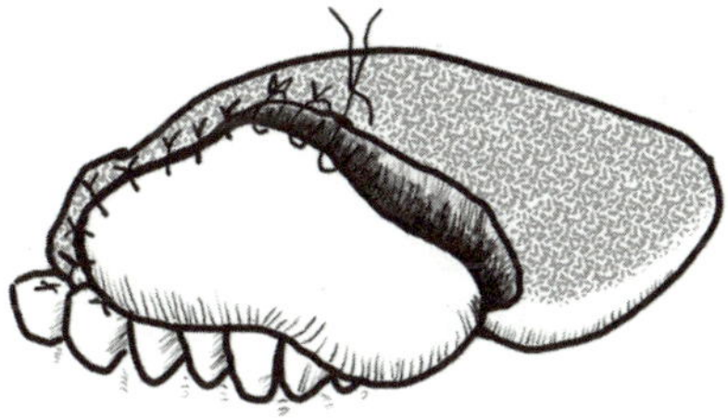

혀에 발생한 구강암의 제거와 재건

별한 기관이다. 현대 사회는 과거에 비해 언어를 활용한 소통이 훨씬 중요하다. 문명이 진보할수록 사용하는 단어는 많아지고 다양한 언어적 표현이 발달한다. 혀의 역할도 그만큼 중요해진다. 우리는 아침에 눈을 뜨면 혀를 통해 아침 식사의 행복을 느끼고 일터와 학교에서 혀를 통해 사람들과 소통한다. 사람들은 원하는 학교나 직장에 들어가기 위해 혀를 이용해 면접을 보고, 사업을 하는 사람들은 혀를 통해 거래한다. 또한 사랑하는 사람에게 혀를 통해 고백하고 미래를 이야기한다. 이처럼 우리의 삶에서 이루어지는 사람과 사람 사이의 소통에서 혀는 그 최전선에 있다. 우리는 모두 현대판 유세객이다.

소통과 차단의 양면성
점막

1689년 7월 정읍, 조선 후기 성리학의 대가이자 서인의 우두머리인 송시열은 숙종이 내린 사약을 받아들고 있었다. 사약을 마시자마자 피를 토하며 죽는 모습은 사극에서 너무 많이 연출하는 바람에 생긴 진부한 클리셰고, 사실 사약을 마시고 나서 효과가 나타나기까지 시간이 필요했다. 경우에 따라서는 사약을 마시고도 죽지 않아서 활줄로 목을 졸라 형을 집행하기도 했다. 송시열의 경우가 그랬다. 임금이 내린 사약을 쭉 들이켰지만, 시간이 지나도 효과가 없어 멀뚱멀뚱 앉아 있어야 했다. 그렇다고 거물 정치인이자 성리학의 대부인 80대 노인의 목을 조르는 것은, 형을 집행하러 조정에서 내려온 금부도사도 차마 할 수 없는 노릇이었다. 급기야 금부도사가 사약을 조금 더 마시고 죽어달라고 읍소하는 웃지 못할 상황이 벌어졌다. 송시열은 스스로 칼로 입안에 상처를 내고 사약을 세 사발이나 더 마신 후에야 죽음을 맞이할 수 있었다. 혈관의 작용에 대한 이해나 해부학적인 지식은 없었겠지만, 300년 전 사람들은 구강 점막을 통해 약물이 쉽게 흡수된다는 것을 민간요법이나 경험을 통해 어렴풋이 알고 있었던 것으로 보인다. 여기서 말하는 구강 점막이란 무엇이고 어떤 기능을 할까? 구체적으로 살펴보도록 하자.

피부는 우리에게 친숙하지만 점막은 다소 생소하게 느껴진다. 피부는 눈에 바로 보이지만 점막은 자세히 들여다봐야 하기 때문이다. 우리 몸을 건물에 비유하면 피부는 건물 외부의 타일과 벽돌이고, 점막은 건물 내부 공간의 내장재와 같다. 인간의 몸을 앞뒤로 뚫린 긴 튜브 형태로 단순화해보자. 이 튜브에는 팔다리가 달려 있고 앞쪽에는 눈, 코, 귀를 위한 작은 구멍들이 뚫려 있다. 음식은 앞쪽 구멍으로 들어와 튜브를 통과하면서 영양분을 흡수하고, 남은 것들은 뒤쪽 구멍으로 배설한다. 매우 단순화시켰지만 이 튜브로 된 겉부분이 피부이고 속부분이 점막이다.

인간은 코와 입을 통해 외부의 거의 모든 물질을 받아들인다. 하지만 잘 생각해보면 몸 안에 들어왔다고 생각되는 것들은 사실 몸속을

인간의 몸을 피부와 점막의 관점에서 단순화시켜본다면 앞뒤로 구멍이 뚫린 튜브와 같다.

지나가는 것에 가깝다. 음식물들은 입에서 시작해 목구멍을 지나 기나긴 소화관을 통과하는 동안 영양분을 흡수당하고 결국은 찌꺼기가 되어 항문으로 배출되기 때문이다. 점막은 이 기나긴 길의 바닥이자 벽, 천장 역할을 한다. 소화 기능은 기본이고 외부에서 들어온 세균을 비롯한 해로운 물질로부터 몸속 주요 장기를 보호하는 철저한 장벽이기도 하다.

점막은 표면부터 점막 상피, 점막 고유층, 점막 하조직으로 이루어져 있다. 이는 피부의 표피, 진피, 피하조직에 대응하여 각각 비슷한 구조와 특징을 가진다. 점막 상피는 가장 바깥층이며 음식물과 같은 외부 물질에 직접 접촉하고 몸의 내부를 보호하는 일차적인 장벽이다. 바로 아래에 있는 점막 고유층은 섬유성 결합조직으로 점막의 구

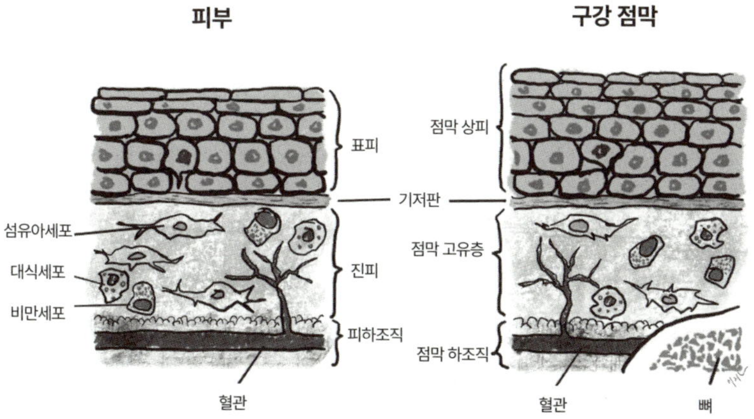

피부와 구강 점막의 비교

조를 유지한다. 내부에 섬유세포, 면역세포, 분비세포, 혈관 등이 있어서 점액을 분비하고 면역 방어, 영양분 흡수 등 점막의 실질적인 기능을 담당하는 층이다. 점막 하조직은 점막의 위치에 따라 뼈, 근육, 신경, 혈관, 분비샘 등이 있다.

외부와 내부를 담당한다는 점에서 피부와 점막은 비슷하면서도 재미있는 차이점이 있다. 피부는 타고난 색깔에 따라 백인, 황인, 흑인으로 인종적인 구분이 있고 문화에 따라 차별이 존재한다. 하지만 점막은 인종에 따른 차별이 없다. 인종에 따라 조금 어두울 수도 있지만, 피부색과 비교할 수 없을 정도로 공평한 색조를 가지며, 대체로 붉은색을 띤다. 혈관이 풍부하기 때문에 인종에 상관없이 누구나 입안이 붉다.

구강 점막, 몸으로 들어가는 첫 관문

얼굴뼈 내부는 구강 점막만으로 덮여 있는 것이 아니다. 코를 덮는 비점막, 목구멍의 인두 점막, 그리고 귀와 눈에도 점막이 있다. 음식물을 비롯한 다양한 외부 물질이 지나가는 구강 점막을 좀 더 자세히 들여다보자. 인체의 수많은 점막 중 유일하게 눈으로 직접 들여다볼 수 있는 것이 구강 점막이다(항문도 직접 들여다볼 수 있지 않냐고 굳이 따지지 않았으면 좋겠다). 이곳은 우리 몸으로 들어가는 대부분의 물질이 가장 먼저 거쳐가는 첫 관문이기도 하다.

구강 점막은 고도로 발달된 에어컨 시스템과 같다. 점막 아래 발달된 풍부한 혈관으로 내부 온도를 효율적으로 조절하고, 침샘에서 분비되는 타액과 뺨, 입술, 혀 등 탄력 있는 구조물이 완벽한 밀폐공간을 만드는 덕분에 적절한 온도와 습도, 청결한 환경을 유지한다. 그래서 입안으로 들어온 음식물은 어느 정도 살균처리도 되면서, 소화하기 좋게 적절하게 섞이고 부드러워진다.

점막 아래에는 모세혈관이 발달되어 있어 필요한 물질을 빠르게 흡수하기도 좋다. 약물을 정제나 필름 형태로 만들어 혀 밑이나 뺨 등에서 녹여 흡수시키는 방법은 약을 직접 삼켜 소화관에서 흡수시키는 것보다 훨씬 효과가 빠르고 효율적이다. 최근에는 어린이나 노약자 등 삼키는 약을 힘들어하는 환자들이 쉽게 복용할 수 있도록 구강 점막을 통해 흡수되는 약 개발이 활발하게 이루어지고 있다.

몸 상태에 관해 보내는 신호

구강 점막이 흡수나 소화와 같이 외부 물질을 받아들이는 일만 하는 것은 아니다. 때로는 우리 몸의 상태를 표현하기도 한다. 구강 점막은 인간의 영양 상태에 대한 거울과 같다. 철분, 아연, 비타민의 부족은 점막의 변화로 바로 나타난다. 점막이 건조해지고 상피 세포들이 떨어져 나가면서 출혈이 생긴다. 가뭄에 논바닥 갈라지듯 점막이 갈라지고 만성적인 염증이 찾아온다. 음식을 먹는 것과 말하는 것이 고통스러운 상태가 된다.

예를 들어 괴혈병은 20세기에 비타민C의 존재를 알게 되기 전까

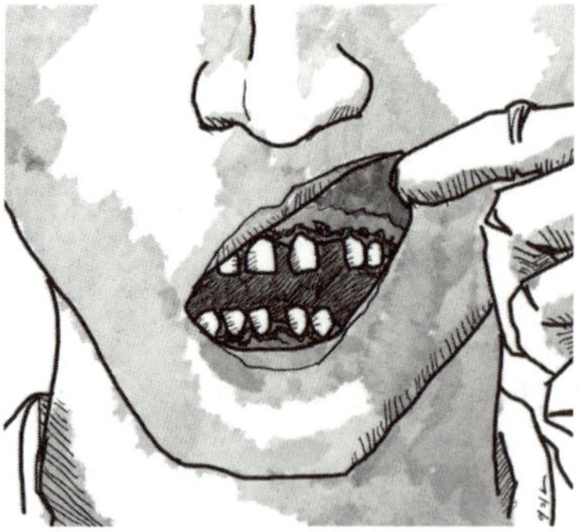

치아상실, 구강 점막의 출혈로 나타나는 괴혈병 증상

지, 만성피로와 식욕 부진으로 시작해 점차 악화되는 불치병이었다. 구강 점막의 출혈과 함께 치아가 흔들리며 시름시름 앓다가 결국 사망에 이르는 무서운 병이었다. 하지만 비타민C가 함유된 신선한 과일과 채소를 먹기만 하면 치료되는 병이기도 했다. 15세기부터 19세기까지 400여 년간 대항해 시대와 제국주의 시대에 장거리 항해를 하는 선원들의 주식은 장기간 보존이 가능한 건조식품과 염장 육류였다. 당시의 보관 기술로 신선한 채소와 과일을 먹는 것은 불가능했다. 운 좋게 중간 기항지에서 신선한 식품을 보급받은 후, 이 미지의 병에 걸린 이들의 상태가 호전되는 것을 보고 사람들은 경험적으로 치료 방법을 어렴풋이 짐작할 수 있었지만, 여전히 선원들의 목숨을 위협하는 무서운 질병이었다.

납, 수은, 은과 같은 중금속 중독 증상도 구강 점막에 나타날 수 있다. 점막의 착색이나 염증, 부종 등이 나타나는데, 구강 점막에만 국한된 것이 아니라 전신적인 증상의 하나로 나타나는 경우가 많다. 특정 화학물질이나 약물도 마찬가지다. 약물의 경우 대사 산물이 구강 점막을 손상시키면서 변색이 나타나는 경우가 많다. 이러한 변색을 일으키는 약물은 항생제, 항암제, 심혈관계 약물, 호르몬제, 에이즈 치료제에 이르기까지 다양하다.

마약도 구강 점막에 흔적을 남긴다. 코카인은 코로 흡입하는데, 코카인 성분이 비중격의 혈관을 수축시키므로 지속적으로 흡입하면 비중격 연골이 괴사하면서 구멍이 뚫린다. 이것이 악화하면 코가 내려앉아 안장코가 되고, 심하면 입천장까지 구멍이 뚫려 구강과 비강이 연결되기도 한다. 사실 구강 점막의 상태를 악화시킬 수 있는 약물과 화학물질은 수없이 많다. 면역 질환, 이식 거부 반응 등 전신 질환의 증상 중 하나가 구강 점막의 염증성 변화다. 구강 점막은 눈에 잘 띄는 곳에 있어서 이러한 전신 질환에 대한 일종의 경보 장치 역할을 한다.

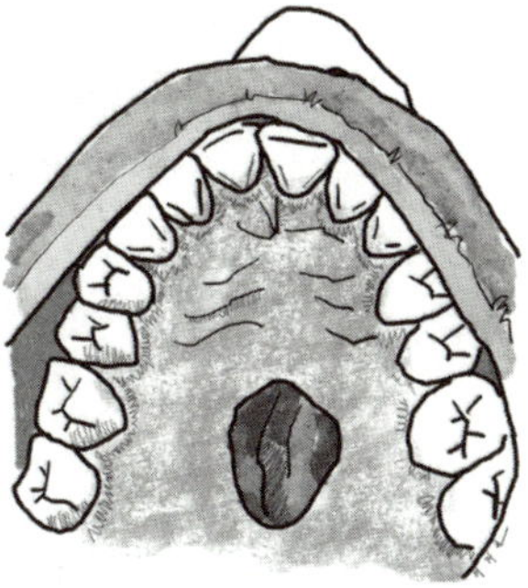

코카인으로 인해 구강 점막이 파괴되고 비강으로 연결된 모습

지속적인 외부 자극은 질병으로 이어진다

구강 점막은 몸 안쪽에 있지만 끊임없이 외부 자극에 노출된다. 바이러스 감염으로 인한 수포, 딱딱하거나 자극적인 음식 등 외부 자극으로 인한 궤양, 화학물질이나 스트레스 등으로 인한 점막 손상 등 다양한 자극에 대해 점막은 바로 자신의 상황을 호소한다. 다행히 점막은 풍부한 혈관 덕분에 뛰어난 재생 능력을 지니고 있어 짧게는 며칠,

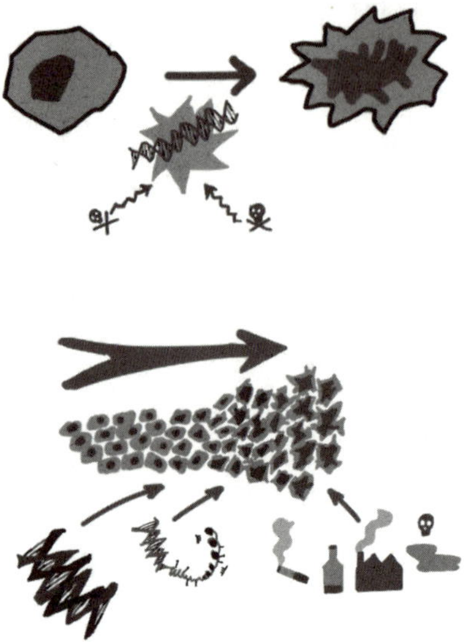

흡연, 음주, 화학물질, 스트레스 등의 지속적 자극과 유전적 변화를 통해 정상 세포가 암세포로 변화하며, 정상 점막이 구강암으로 진행된다.

좀 길어지면 몇 주 안에 감쪽같이 원래 모습을 회복한다.

하지만 자극이 지속적이라면 이야기는 달라진다. 흡연, 음주, 화학물질, 스트레스, 유전적인 원인 등이 복합적으로 작용하여 구강 점막을 지속해서 자극하면 돌이킬 수 없는 변화가 나타날 수 있다. 대표적인 예가 구강 백반증leukoplakia이다. 구강 백반증은 닦아도 떨어지지 않는 백색 병소로 나타나며, 때로는 붉은색 병소와 섞여 나타나기도 한다. 세포 수준에서도 정상 세포와 다른 모습을 보인다. 자극이 계속되거나 세포 변형이 지속되면 구강암으로 진행될 수 있으므로 주의가 필요하다.

태초에 인간에게 점막이 있었다. 그리고 암이 있었다

첨단 진단 장비가 넘쳐나는 현대 의학과 달리, 오로지 만져보고 들여다봐서 판단해야 했던 고대 의학에서도 구강 점막에 생기는 비정상적인 병소는 쉽게 발견할 수 있었다. 환자가 입만 벌리면 모든 것을 볼 수 있었기 때문이다. 가장 오래된 의학 기록인 기원전 3000년경 이집트 파피루스에도 구강암이 등장한다. 이집트 의사들은 환자의 입안에 생긴 심각한 부종을 보고 '잇몸을 잡아먹는 궤양'이라고 기록했다. 기록이 남아 있지 않은 먼 옛날에도 점막에 암이 발생했을 가능성을 생각하면, 인간의 역사와 함께 암이 존재했다고 말할 수 있다.

시간이 흘러 기원전 1000년, 인도의 의사들은 구강암을 입천장, 혀, 입술 등 부위별로 자세하게 기술했다. 또한 종양을 다른 질환과 구분했으며 암의 전이에 대한 개념도 알고 있었다. 기록이 많고 구체적이었다는 것은 그만큼 당시 인도에 구강암 환자가 많았음을 의미한다. 인도와 중국 남부, 동남아시아에는 지금도 사람들이 즐겨 찾는 빈랑이라는 열매가 있다. 입안에 즙이 우러나오도록 씹은 다음 뱉는 열매다. 즙이 점막에 흡수되면 청량감과 각성 효과가 있어서 고대 인도인들이 즐겨 씹었으며, 지금도 동남아시아 일대에서 기호품으로 소비되고 있다. 다만, 빈랑 열매에는 발암 물

인도의 기호식품인 빈랑

질이 포함되어 있어 이 지역의 구강암 발생률이 다른 지역에 비해 높은 편이다. 그만큼 고대 인도의 의사들은 다른 문명에 비해 구강암을 관찰하고 치료할 기회가 많았을 것이다.

비슷한 시기 그리스에서는 히포크라테스가 피부와 점막에 생기는 암에 대해 깊이 연구했다. 당시 사람들은 몸에 생기는 정체불명의 혹 덩어리가 신이 내린 벌이라고 믿었다. 하지만 히포크라테스는 영양 부족, 체액의 불균형, 노화 등이 암의 원인이라고 설명했다. 현대 의학의 관점에서 완벽한 정답은 아니더라도, 적어도 신의 징벌이라는 미신에서 벗어나 암을 질병으로 보는 보는 시각은 과학적 치료의 출발점이 되었다. 암을 뜻하는 영어 단어 'cancer'는 그리스어 'karkinos'에서 유래했다. 고대 그리스어로 '게'를 뜻하는 이 단어는 히포크라테스가 암의 모양을 보고 붙인 이름이다. 그는 암이 마치 게처럼 점막에 달라붙어 여러 개의 발을 뻗어 점막과 점막 아래 근육 조직, 뼈까지 파고드는 모습을 관찰했다. 당시 별다른 진단 장비 없이 육안으로만 관찰했음에도 그런 이름을 붙이다니 대단한 관찰력이다.

기원후 1세기, 로마의 외과의사들은 그리스 의학을 계승했다. 이미 100년 전 공화정 말기부터 율리우스 카이사르가 실력 있는 그리스 외과의사들에게 로마 시민권을 주면서 적극적으로 로마로 받아들였다. 로마의 외과의사들은 점막의 암을 치료할 때 초기의 작은 병소에 바르는 약을 처방하는 것부터 시작하여, 적극적인 수술에 이르기까지 다양한 방법을 연구했다. 특히 수술에서는 지혈, 신경 보존, 해부학적으로 완벽한 절제에 근접하는 기술적 진보를 이루었다.

서로마 제국의 멸망 후 로마의 의술은 비잔틴 제국으로 계승되어 명맥을 유지했다. 그리스도교가 제국의 공식 종교로 자리 잡으면서 곳곳에 수도원이 생겼다. 수도원은 종교 기관의 역할뿐 아니라 황제의 지원을 받아 의사와 간호 인력을 고용하는 현대 병원의 초기 형태를 갖추고 있었다. 그러나 중세 유럽은 가톨릭의 영향 아래 피를 흘리게 하는 각종 치료 요법, 사체 해부, 수술 등을 금기시하는 분위기였다. 이 때문에 과거 그리스와 로마에서 이룩한 외과적 기술에서 더 앞으로 나아갈 수 없었고, 암에 대한 외과적 치료법은 르네상스 시대까지 침체기를 겪어야 했다.

문명과 점막, 그리고 구강암

암 치료, 특히 수술적인 치료를 위해서는 해부학에 대한 정확한 지식이 필수적이었다. 중세 시대까지 인간의 해부학적 지식은 장님이 더듬어 보고 코끼리의 모습을 상상하는 수준에서 크게 벗어나지 못했다. 교회의 권위가 약해지고 인간에 대한 진지한 탐구가 태동하기 시작한 르네상스 시대에 이르러서야 근대 해부학이 발전하게 되었다.

근대 해부학의 개척자인 안드레아스 베살리우스Andreas Vesalius(1514~1564)는 기존 로마 시대 해부학에 대해 의문을 품었다. 그는 사체 해부가 금기시되는 사회 분위기 속에서도 사형수의 시체를 해부할 기회를 얻어 실제 인간의 신체 구조를 꼼꼼하게 기록했다. 그가 출간

한 『인체 해부학 대계*De Humani Corpois Fabrica Libri Septem*』 덕분에 정확한 수술을 위한 머나먼 여정의 길잡이가 되어줄 지도가 인간의 손에 주어졌다.

르네상스 시대에 새로운 지식의 세계가 열렸지만, 동시에 또 다른 기호식품의 세계가 함께 열렸다. 바로 담배였다. 유럽인들이 담배를 즐기기 시작하면서 구강 점막에 암이 생기는 빈도가 높아졌다. 지금은 담배가 수십 가지 발암물질의 집합소라는 것이 상식이지만, 처음에는 단순한 기호식품으로 여겨졌고 심지어 치료용 약재로 사용되기도 했다. 담배의 문제점이 알려지고, 사회적으로 담배의 이용을 제한하는 법적인 정책들이 시행되었지만, 이미 담배 맛을 알게 된 사람들에게는 소용없는 일이었다.

구강암은 눈에 잘 띄는 곳에 발생하지만, 수술 중 출혈이 심하고 암을 제거하고 나면 외모가 추하게 변하는 경우가 많았으므로 당시 외과의사들에게 수술은 상당히 도전적인 과제였다. 특히 혀는 구강의 중심부에 위치하고, 특수한 점막으로 덮여 있으며, 커다란 혈관과 근육으로 뭉쳐 있는 하나의 덩어리다. 기록상 최초의 구강암으로 인한 혀의 완전 절제 수술은 1664년 이탈리아에서 시행되었다. 당시 수술 기록에서 가장 중점적으로 다룬 부분은 지혈이었다.

지혈 외에도 수술 후 기도 유지(비강과 함께 공기가 드나드는 가장 중요한 구멍이다 보니 당연한 문제였다. 오늘날에도 기도 유지는 구강암 수술 후 여전히 중요한 문제다), 감염 방지, 마취는 수술의 발전을 위해 넘어야 할 장벽이었다. 19세기까지도 사람들은 암이 전염병이라고 생각했다. 그래서 당시 암 환자를 돌보는 병원은 도시 외곽에 세워졌다. 특히 구강암은 전염병이라는 인식이 더욱 강했다. 당시 대표적인 성병이었던 매독은 진행되면 구강에 궤양이 나타나는데, 이는 구강암과 구별하기 어려웠다. 외형만 보고 사람들은 구강암도 전염되는 무서운 병이라고 생각했다.

인류는 그동안 수술적 치료가 두려워 약초나 민간요법에 의지하거나, 용기를 내서 수술하더라도 출혈이나 합병증으로 목숨을 잃는 경우가 많았다. 하지만 19세기에 이르러 출혈, 마취, 감염 등 수술과 관련된 과제가 대부분 해결되면서, 인류는 점막 위의 이 무서운 병에 본격적으로 도전장을 내밀기 시작했다. 특히 현미경의 등장으로 점막 위의 암 조직을 세밀하게 관찰할 수 있게 되어 암 치료에 큰 전

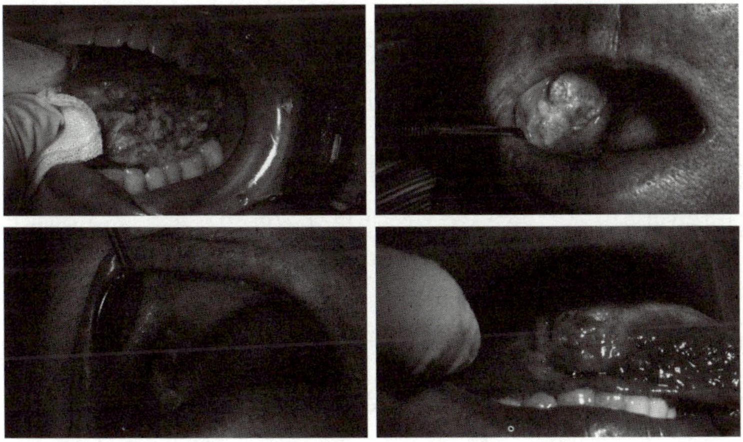

구강의 다양한 부위 점막에서 발생하는 구강암

환점이 되었다.

이제 암은 막연히 살 혹은 근육 어딘가에서 자라 올라오는 무서운 혹 덩어리가 아니라, 점막 상피에서 기원하는 암세포라는 것을 정확하게 알 수 있었다. 세포 수준까지 관찰할 수 있게 되면서 암은 양성 종양과 구별되어 정의되었고, 구강 점막의 착색 병소 중 암으로 진행될 수 있는 것들도 확인되었다. 사회학적인 통계 분석을 통해 담배와 영양 부족 등이 암 발생의 위험 인자라는 사실도 밝혀졌다.

구강암은 점막에 발생하는 암 중에서 상대적으로 드물게 발생하는 편이다. 하지만 19세기 치료법의 발달과 더불어 역사적으로 유명한 인물들이 이 질병으로 고통받으면서 근대 사회에 자신의 존재를 묵직하게 각인시켰다. 게다가 그중에는 미국 대통령이 둘이나 있었다. 첫 번째 희생자는 율리시스 그랜트Hiram Ulysses Grant(1822~1885)였다. 남북전쟁을 승리로 이끈 전쟁 영웅이었던 그는 전쟁 이후 높은 인기에 힘입어 미국의 18대 대통령에 당선되었다. 그는 재선까지 성공하고 무사히 임기를 마쳤지만 말년에 보증을 잘못 서는 바람에 파산하고 말았다. 골초에 애주가였던 그는 당시 빚을 갚기 위해 회고록을 정신없이 집필하던 중, 1884년 오른쪽 편도에 점막이 부풀고 목에 덩어리가 만져지는 증상으로 병원을 찾았다가 암 진단을 받았다. 이미 병이 많이 진행된 상태였기에 의사는 금연을 권하고 마약성 진통제를 처방하는 것이 전부였다. 술과 약물로 끔찍한 고통을 견디면서 회고록은 겨우 완성했지만, 결국 그는 이듬해 사망하고 말았다. 그나마 다

구강암에 걸린 유명인들. 왼쪽부터 율리시스 그랜트, 그로버 클리블랜드, 지크문트 프로이트

행인지 그의 가족은 회고록 인세 덕분에 빈곤에서 벗어났다고 한다.

또 한 명의 애연가이자 애주가인 미국의 22대, 24대 대통령 그로버 클리블랜드Stephen Grover Cleveland(1837~1908)는 재임 중 구강암에 시달렸다. 처음에 클리블랜드는 자신의 입천장에 몇 주 전부터 부어오르는 궤양을 동반한 덩어리를 발견했다. 구강암으로 진단받았지만, 그는 끝까지 자신이 병에 걸린 사실을 비밀로 하고 싶었다. 결국 임시 수술실로 개조한 자신의 요트에서 암과 함께 왼쪽 위턱뼈를 제거하는 수술을 받았다. 회복 후 뚫린 구강 점막과 위턱뼈는 특수 보철물로 막았다. 그의 담당 치과의사는 기자들에게 클리블랜드가 단순히 치과 치료를 받았을 뿐이고 류머티즘으로 고생하고 있다고만 말했다. 그는 이후 16년을 더 살았다.

오스트리아의 저명한 정신과 의사이자 정신분석학의 창시자인 지크문트 프로이트Sigmund Freud(1856~1939) 역시 지독한 골초였다. 과도한 흡연으로 심장과 호흡기 질환을 앓았고, 호흡 곤란과 흉통을 달고 살았지만 결코 담배 피는 즐거움을 포기하지 않았다. 결국 67세에 입천장에 구강암이 발생했다. 첫 수술은 출혈이 너무 심해서 암을 완전히 제거할 수 없었고, 83세에 사망하기까지 16년 동안 여러 차례 구강암 제거 수술을 받아야 했다. 수술이 반복되면서 그의 턱뼈는 남아나는 게 거의 없을 지경이 되었다. 수술 때마다 특수 보철물을 제작하거나 수리해야 했고, 결국 그의 얼굴과 구강은 심하게 손상되었다. 프로이트 본인조차 그것을 '괴물'이라고 부를 정도였다. 말년에는 암이 신경까지 침범하여 엄청난 고통에 시달렸고, 방사선 치료와 반복된 수술로 인한 흉터 때문에 말하고, 씹고 삼키는 것이 거의 불가능한 상태에 이르렀다. 하지만 그는 끝까지 담배를 끊지 않았고, 생의 마지막날인 1939년 9월 23일에도 담배를 피웠다고 한다.

프로이트는 안타깝게 세상을 떠났지만, 당시 구강암 치료법은 이미 상당한 발전을 이루어 현대적인 치료법의 기틀을 마련했다. 구강암은 시간이 지나면 목 부위 임파선을 통해 암세포가 퍼져나간다. 암과 함께 목 부위 임파선을 함께 제거하는 치료법은 20세기가 되어서야 비로소 확립되었다. 과거에는 그랜트 대통령처럼 진단 당시 목 임파선까지 암이 전이되었는지 여부가 치료 가능성을 결정하는 중요한 기준이 되었다. 20세기 외과의사들은 중요한 혈관, 신경 등을 보존하면서 암을 제거하는 방향으로 수술 방법을 개선하고 제거한 점막과 턱뼈 등을 재건하는 방법을 연구하기 시작했다. 해부학 지식의 축적, 전신 마취, 항생제, 수술 기구와 각종 진단 장비의 발달은 이러한 노력을 가능하게 했다.

구강암은 아직까지 수술을 통한 직접적인 제거가 주된 치료 방법이다. 하지만 현대 의학의 발전으로 수술 외에도 방사선, 항암 치료와 같은 새로운 무기가 등장했고 면역, 분자생물학을 이용한 특수 치료법도 꾸준히 연구되고 있다. 그러나 미래 지향적인 기술의 발전에도 구강암은 여전히 치료가 어렵고, 1990년대 이후 생존율이 크게 나아지지 않았다. 특히 저개발 국가, 저소득 계층에서 구강암이 상대적으로 많이 발생한다. 이는 주기적인 구강 검진과 같은 의료 혜택을 받기 힘든 환경, 열악한 위생, 흡연, 음주, 영양 상태 등과 관련이 있을 것으로 추측된다. 이러한 환경에서는 환자들이 암이 상당히 진행된 상태에서 병원을 찾아오는 경우가 많아 치료 성공률이 낮을 수밖에 없다.

구강암은 여전히 전 세계적으로 꾸준히 증가하고 있다. 의료 기술이 발달하고 인간이 누리는 물질적 풍요는 과거와 비교할 수도 없을 정도로 엄청나지만, 환경 오염, 새로운 발암물질, 여전히 높은 흡연율과 저개발 국가 국민들의 열악한 영양 상태, 의료 복지 등은 구강암 발생률을 높이고 치료를 어렵게 한다. 사실 고대, 중세, 근대에 걸쳐 구강암 환자가 지금보다 더 많이 발생했는지에 대해서는 불확실한 기록에 의존해야 하므로 확실하게 단언할 수는 없다. 그러나 구강암 발병의 주요 요인인 흡연, 음주, 영양 부족, 기타 화학물질의 장기간 노출 등을 고려해보면 과거보다 현재의 구강암 환자가 더 많을 것으로 조심스럽게 예상해본다.

무엇보다 구강암은 젊은 사람보다는 고령 환자가 상대적으로 많다. 상당수가 갑자기 발병하기보다는 오랜 시간에 걸쳐 점막에 가해지는 유해한 자극이 누적되어 발생한다. 따라서 평생의 습관이 구강암 발병과 깊은 연관이 있다고 볼 수 있다. 산업혁명 전까지 인류의 평균 수명은 30~40세에 불과했지만, 지금은 100세 시대라고 할 정도로 200년 사이에 인간의 평균 수명이 거의 40년 넘게 증가했다. 오래 살게 된 만큼 암에 걸릴 기회도 그만큼 많아진 것이다.

얼굴뼈를 밖에서 둘러싸는 것이 피부라면, 점막은 안을 둘러싸며 몸속까지 이르는 긴 통로를 형성한다. 단순히 덮어주고 보호하는 역할뿐만 아니라, 위치에 따라 다양한 형태와 기능을 수행한다. 얼굴뼈는 피부와 점막이 덮고 있어야 비로소 인간다워진다. 과거에는 30~40년 정도 사용했던 점막을 이제는 100년 가까이 사용하게 되었다. 그만큼 점막은 더욱 다양한 외부 환경에 노출되고 더 오랜 시간 사용될 것이다. 점막을 어떻게 사용하는가, 어떤 운명을 맞이하는가는 사용하는 인간에게 달려 있다.

집요하게 인류를 괴롭힌 만성 질환의 끝판왕
잇몸병

기원전 4세기 그리스의 크세노폰은 페르시아 전쟁터에서 자신의 병사들이 잇몸에서 출혈, 고약한 냄새, 통증이 동반되는 괴이한 질병에 시달렸다고 기록했다. 2천 년이 훨씬 지난 18세기, 외과의사 존 헌터John Hunter(1728~1793)가 이 질환을 급성 괴사성 궤양성 치은염acute necrotizing ulcerative gingivitis, ANUG이라고 이름 붙였다. 제1차 세계대전 당시에도 프랑스 병사들이 장기간 열악한 참호에서 불량한 위생과 극도의 정신 스트레스에 시달리면서 같은 증상이 나타나 '참호 구강염trench mouth'으로도 불렸다. 100년 전에는 열악한 환경의 전쟁터에서 살아야 했던 군인들이 희생자였다면 지금은 영양실조, 에이즈 환자, 혹은 저개발 국가의 낮은 수준의 생활 환경에 처한 사람들이 그 대상이 되었다. 오랫동안 방치되면 잇몸, 턱뼈를 포함해 얼굴의 변형을 가져오는

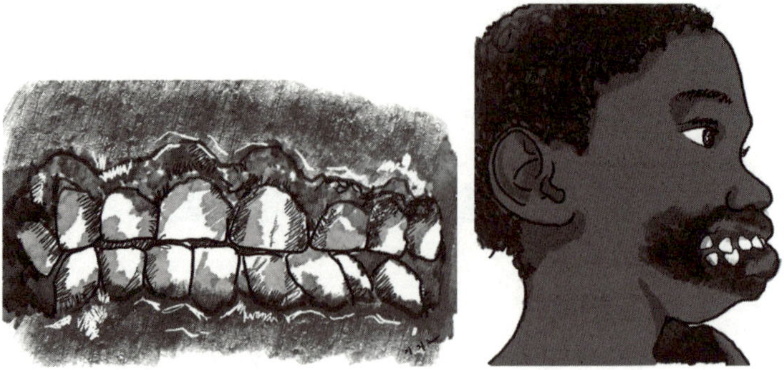

급성 괴사성 치은염과 노마병

'노마병Noma disease'으로 악화될 수도 있다.

이처럼 잇몸병은 고대부터 치아와 주변 조직, 턱뼈 등을 파괴하는 질병으로 인류를 괴롭혀왔다. 잇몸병을 하나의 질병으로 명확하게 인지하기 전부터 사람들은 이 질병이 위생과 관련 있을 것이라고 막연하게 짐작하고 있었다. 적어도 기원전 3000년 전부터 잇몸과 치아에 붙어 있는 음식물 찌꺼기를 제거하는 데 관심이 있었던 것은 분명하다. 지금처럼 생물학적·병리학적인 이해가 없더라도 이런 것들이 잇몸에 오래 붙어 있는 것이 건강에 좋지는 않음을 막연하게 이해하고 있었다.

고대 메소포타미아 문명의 발상지인 우르에서 수메르인들이 사용하던 황금 이쑤시개가 발견되었다. 금은 남아 있어도 나무는 없어지므로 발견되지 않았을 뿐이지 아마 서민들은 나무 이쑤시개를 썼을 것이다. 이후 이들을 계승한 바빌론과 아시리아인들이 남긴 점토판을 보면 이들도 치주 질환으로 골치를 앓고 있었으며, 이쑤시개보다는 좀 더 발전된 잇몸 마시지나 약초로 치료했다는 기록이 남아 있다. 시간이 흘러 기원전 600년 인도 의사 수슈루타Sushruta는 치아의 흔들림, 고름이 나오는 등의 치주 질환 증상을 구체적으로 정리해놓았다. 잇몸 마사지, 음식물 제거 개념으로 원시적인 칫솔을 사용한 것은 중국인들이었다. 나뭇가지나 뿌리를 잘게 으깨서 가는 섬유질이 나오게 만든 다음 칫솔로 사용했으니 여러 가닥으로 된 칫솔모를 가진 현대 칫솔과 개념적으로는 상당히 유사하다고 볼 수 있다. 나뭇가지 칫솔은 지금도 아시아와 아프리카의 저개발 국가 사람들이 사용한다.

고대 바빌론인들이 나뭇가지로 치아를 닦던 습관은 무슬림들이 '미스왁Miswak'이라는 관습으로 정착시켰다. 1500년 동안 무슬림들은 건강관리뿐만 아니라 매일 다섯 번의 예배를 위해 항상 치아를 닦고 입을 헹궜다. 유럽에서 200년 전부터 치아를 닦는 행위가 정착했던 것에 비해 상당히 빠르다. 18세기까지 유럽 사람들은 식사 후 이쑤시개로 이물질을 제거하거나, 좀 더 신경 쓴 이들은 독한 술이나 허브차로 가글을 했다. 미스왁은 '이 닦는 나뭇가지'라는 뜻에서 유래해 정결의식을 의미하는 단어로 자리 잡았다. 무슬림들은 현대의 치석 제거(스케일링)와 유사한 잇몸 관리 술식을 기록으로 남겼다. "환자의 머리를 무릎 위에 눕힌다. 치아 표면의 응결된 물질(치석)을 벗겨낸다. 검은색, 누런색, 녹색으로 착색된 부분도 없어질 때까지 긁어낸다. 만약 충분하지 않다면 두 번 세 번 완전히 깨끗해질 때까지 반복한다." 이는 오늘날 치과 진료실에서 행해지는 스케일링과 거의 동일하다.

유럽은 르네상스 시대에 와서 잇몸병에 대한 '치료'를 시작한다. 앙브루아즈 파레Ambroise Paré(1509~1590)는 르네상스 시대의 능력 있는 외과의사였다. 특히 치과 수술에 상당한 공헌을 했다. 잇몸 절제술을 비롯한 다양한 구강 수술을 개발했고, 치석이 치주 질환을 일으키는 중요 원인임을 병리적으로 이해했다. 치석을 제거하는 전용 기구도 만들어서 사용했다. 존 헌터는 18세기의 뛰어난 해부학자, 외과의사이자 병리학자였다. 자신의 논문 「인간 치아의 자연사The natural history of the human teeth」에서 치아와 치주 조직의 관계에 대한 명확한 개념을 제시했다. 이후 레너드 쾨커Leonard Koecker(1785~1850)가 치석과 잇몸 질환 그리고 염증과의 관계, 칫솔질에 대한 구체적인 방법, 치주 치료 방법 등을 구체적으로 설명했다.

150년 전 미국에서 최초로 치주과 전문의가 등장했다. 존 릭스John Mankey Riggs(1811~1885)는 19세기 미국에서 치주 질환 분야의 최고 권위자였다. 심지어 당시 치주병의 이름이 릭스병Riggs' disease으로 불릴 정도였다. 그는 치과의사였지만 오직 치주 치료만 전문으로 하는 사람이었다. 20세기 들어와서 1902년 윌리엄 영거William John Younger(1838~1920)는 사랑니 뒤쪽의 잇몸을 떼어내서 잇몸병으로 망가진 부위에 이식했다. 그동안 위생관리와 염증 제거로 치주 질환의 진행을 막는 수세적인 치료에서 파괴된 잇몸의 재생이라는 공세적인 치료법으로의 전환이었다. 정교한 수술 기구와 봉합사의 개발, 수술 전후 소독이나 염증 조절 같은 배경 기술, 해부와 병리학적 지식 축적이 있었기에 가능한 진보였다. 치주 질환에 대한 인류의 지식은 시간이 지나면서 꾸준히 축적되었다. 특히 18세기를 기점으로 수술적 접근이 도입되면서 비약적으로 발전했다.

이처럼 잇몸은 단순히 치아를 받쳐주는 조직이 아니라, 끊임없는 외부 자극과 세균의 위협 속에서 균형을 유지하는 복합적인 역할을 수행한다. 그렇다면 잇몸은 어떤 해부학적 구조를 가지며, 이러한 생물학적 특징이 어떻게 우리의 구강 건강을 좌우하는지 살펴보자.

먹고살기 위해 태생적 약점을 껴안고 살아가다

보통 사람들이 잇몸이라고 하면 치주齒周, periodontium를 의미한다. 말 그대로 치아 주변을 둘러싸고 있는 조직을 포괄해서 부르는 말이다. 사실 잇몸은 치은gingiva이라고 해서 치주를 구성하는 여러 조직 중 하나인 점막을 의미한다. 하지만 대부분의 사람들은 그냥 잇몸이라고 부르고, 잇몸뼈와 치주인대까지 포함하는 치주 질환을 보통 잇몸병으로 인식하기도 한다.

이가 없으면 잇몸으로 씹는다고 한다. 물론 남아 있는 잇몸으로 굶어 죽지 않을 만큼 죽이나 미음을 먹을 수는 있지만 남은 평생 맛있는 음식을 먹는 즐거움을 포기하는 것은 결코 쉽지 않다. 그래서 사람들은 과거부터 동물이나 다른 사람의 치아를 자신의 치아가 빠진 곳에 넣어보기도 하고 틀니도 만들어보다가 결국 임플란트까지 개발했다.

잇몸은 자기가 둘러싸는 치아와 운명을 같이한다. 빈손으로 왔다가 빈손으로 가는 인생이라고, 사람은 태어날 때 치아가 하나도 없이 태어나서는 노인이 되면 태어날 때와 똑같이 치아가 거의 없는 상태로 죽음을 맞이한다. 유치가 빠지고 영구치가 올라오면서 치아 주변으로 자연스럽게 치주 조직이 만들어지고 치아가 빠지면 치주 조직도 함께 사라진다. 따라서 '이가 없으면 잇몸으로 씹는다'고 할 때의 잇몸은 사실 잘 갖추어진 치주 조직이 아니라 구강에 존재하는 점막 조직이다. 결국 잇몸은 치아와 평생 함께 가는 몸의 기관이다.

치주는 단순히 치아를 둘러싸는 것을 넘어서 치아를 보호하고 단단히 제 위치에 잡아주어 식사를 가능하게 해준다. 또한 치아의 미세한 감각을 감지하고 영양을 공급하여 건강한 상태를 유지시킨다.

치주는 인간의 일생 동안 끊임없이 가혹한 환경으로부터 도전을 받는다. 인간의 씹는 힘은 기본적으로 최소 20킬로그램 이상이며 최대 수백 킬로그램까지 나오는 사람도 있다. 이러한 힘을 하루에도 수백 번씩 받아내야 하며 차가운 음식, 뜨거운 음식 등 급격한 온도 변화에 노출된다. 그리고 다양한 종류의 음식물 쓰레기(음식물 쓰레기는 좀 과한 표현일 수 있겠지만, 아무리 정갈한 요리도 입안에 넣어서 씹기 시작하면 타액과 구강 내 세균들이 섞인 축축한 유기물 덩어리에 불과하다)로부터 생화학 공격을 받는다. 구강이라는 곳은 365일 비(타액)가 오는 좁고 어두운 공간이다. 그런데 잇몸은 치아 뿌리와 잇몸뼈, 혈관과 신경 등을 이런 것들로부터 철저히 막아주는 폐쇄적인 구조여도 모자랄 텐데 심지어 구강이라는 외부 환경에 개방된 구조로 설계되어 있다. 잇몸이 태생적으로 가지고 시작하는 구조적 숙명에 대해 해부학적 관점에서 살펴보자.

잇몸의 해부학적 숙명

뼈는 사람이 형체를 유지할 수 있도록 살을 지탱하고, 근육이 강력한 힘을 발휘하도록 지지해주는 일종의 프레임이다. 사람의 뼈는 대개 근육과 피부로 꽁꽁 싸여 감춰져 있다. 하지만 예외가 있는데 그게 바로 치아다. 굳이 따지자면 뼈와 좀 다르다고 할 수는 있겠지만, 기본적으로 뼈와 치아 둘 다 칼슘과 인으로 구성되어 있으며 사람이 형체를 유지하고 물리적인 힘을 발휘할 수 있게 해준다. 다만 치아에 칼슘이 좀 더 많이 함유되어 있어서 뼈에 비해 단단하다.

어쨌든 살을 뚫고 나오면서부터 치아는 근육과 살에 보호받는 뼈에 비해 숙명적인 수난과 싸워야 한다. 우리 몸은 외부는 피부, 내부 즉 입안과 소화 기관은 점막으로 포장되어 있다. 여러 층의 세포로 구성된 피부와 점막은 외부로부터 세균은 물론이고 이물질이나 화학물질 또는 물리적인 충격으로부터 내장과 뼈를 보호한다. 살과 살, 즉 점막은 연속성을 가지므로 방수, 항균을 위한 완벽한 장벽이다. 그러나 치아는 기능을 하기 위해 점막을 뚫고 나와야 하고 어쩔 수 없이 살과 뼈가 만나는 이질적인 접합 구조를 만든다. 일종의 틈새다. 따뜻하고 먹을 것(음식물 찌꺼기)이 풍부하며 적당히 축축한 이곳은 세균에게 새로운 기회의 땅이다.

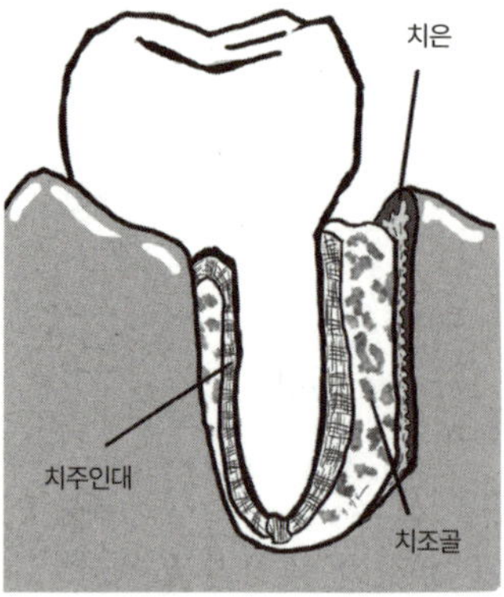

잇몸은 치아를 잡아주고 보호하며 기능하게 해주는 복합조직이다.

다행히 조물주는 잇몸을 이렇게 만들어놓고 나 몰라라 하지는 않았다. 잇몸은 개방적이면서도 방어적인 구조다. 우선 치주인대가 잇몸뼈와 치아를 붙잡아줘서 세균이 깊게 침투하지 못하도록 장벽 역할을 하며 음식을 씹을 때 충격을 흡수하는 쿠션 역할을 한다. 그리고 튼튼한 각화 상피가 표면을 덮고 있으므로 잇몸을 보호하고 음식물이 오래 끼는 것을 방지한다. 잇몸과 치아 틈새에는 면역 세포들이 있어 혹시라도 침투하는 세균을 처치할 수 있다.

숙명적인 약점을 가지고 있지만, 잇몸은 외부 침입과 내부 방어가 팽팽한 균형을 유지하므로 잇몸에 의지하고 사는 치아들의 운명이 그렇게 파란만장하지는 않다. 그러나 개인의 몸 상태나 사회적 환경에 따라 이 균형은 생각보다 쉽게 붕괴할 수 있다. 이렇게 붕괴된 균형은 현대 의학기술로도 아직은 완벽한 재생이 불가능하다.

질병인가 노화인가

앞에서 언급한 '이가 없으면 잇몸으로 산다'는 속담에는 순리대로 받아들이고 맞춰 살면 된다는 옛사람들의 낙관적인 생각이 묻어나온다. 하지만 현실적으로 잇몸으로 씹는 것은 거의 불가능하다. 우물우물해서 삼킬 뿐이다. 나이 들면서 치아가 하나 둘 빠지는 것, 즉 치주 질환을 단순하게 노화로 볼 수는 없다. 오랫동안 사람들은 시간이 흐름에 따라 잇몸은 늙어가는 것이라고 생각했지만, 의학이 발전하면서 잇몸병의 원인을 과학적으로 설명할 수 있게 되었다. 또한 단순히 그 부위의 염증으로 머무는 것이 아니라 원인균과 염증성 인자들이 잇몸의 풍부한 혈관을 따라 전신으로 순환하며 심장과 혈관, 뼈의 대사, 뇌 기능과 관련되어 다양한 질병을 일으킬 수 있고 사람의 연령과 건강 상태에 따라 심각한 질병으로 확대될 수 있음도 알게 되었다. 잇몸병이 질병으로 인식되기 시작하면서 사람들은 비로소 이것을 부분적 질병이 아닌 전신적으로 연결된 염증 질환으로 바라보게 되었고, 예방과 선제적 치료에 관심을 가지게 되었다. 식생활과 관리에 따라 병의 진행 양상이 많이 달라지므로 개인뿐만 아니라 사회적인 차원에서의 접근을 함께 고민하기 시작했다.

어느 순간부터 우리는 특정 분야에서 대표성을 가질 정도로 유명해지면 앞에 '국민'이라는 단어를 붙여주기 시작했다. 국민 가수, 국민 배우, 국민 여동생 등등. 그런 면에서 잇몸병, 치주 질환은 국민 질환이라고 불러도 손색이 없어 보인다. 일단 한국에서 청소년의 1/3과 40대 이상 성인의 85%가 치주 질환을 앓고 있다. 2013년에는 예방적 스케일링이 건강보험에 적용되었다. 통계청 자료에 따르면, 치주 질환은 2019년부터 감기를 제치고 환자 수와 외래 치료 빈도, 요양급여

비가 모두 1위인 질환, 즉 '국민 질환'으로 등극했다. 치주 질환은 다른 질병과 달리 발병하면 치료를 진행하고 마무리하는 것이 아니라 꾸준히 평생을 관리해야 한다.

자동차를 구입하면 1년에 한 번, 혹은 1만 킬로미터를 달리고 나서 꼭 서비스 센터에 와서 점검을 받으라고 한다. 그렇게 해야 성능도 유지하고 오래 탈 수 있다고 한다. 우리 몸의 다른 부분도 마찬가지겠지만, 잇몸도 1년에 한 번 혹은 몇만 번을 씹고 나면 점검을 받을 필요가 있다. 따라서 우리가 적어도 1년에 한 번씩 차량 서비스 센터로 차를 모는 김에 치과로도 차를 모는 것이 좀 더 젊게 사는 방법 중 하나일 것이다.

뼈와 살을 인간답게 만들다
신경

얼굴은 인간이 받아들이는 복잡한 외부 자극의 대부분을 받아들인다. 시각, 청각, 후각, 미각, 촉각의 다섯 가지 감각, 즉 오감의 대부분을 얼굴에 분포한 신경들이 감지한다. 12개의 뇌신경은 뇌에서 나오는 순서대로 번호를 부여한 말초신경이다. 1번 신경은 후각을 담당한다. 2번 신경은 시각신경으로 인간이 볼 수 있게 해준다. 3번, 4번, 6번 신경은 안구를 움직이는 기능을 담당한다. 5번 신경은 삼차신경(세 갈래로 갈라져서 삼차신경이라고 한다)으로 얼굴과 구강의 감각, 씹는 기능을 담당한다. 7번 신경은 안면신경으로 얼굴 근육을 움직여서 표정을 만들고 맛을 느끼며 눈물과 침샘을 분비하는 역할을 한다. 8번 신경은 청각과 평형감각을 담당한다. 9번 신경은 혀 뒤쪽 미각, 목구멍의 감각과 음식물의 삼킴을 담당한다. 10번 신경도 목구멍 깊은 곳

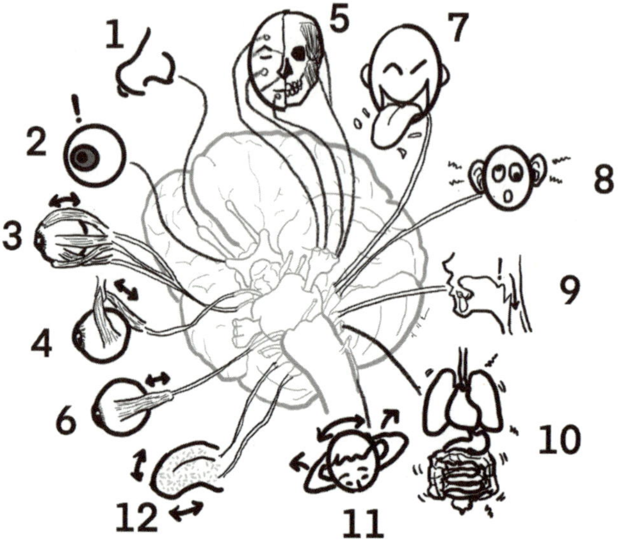

12개 뇌신경의 역할

의 감각과 삼킴 운동을 담당하고 좀 더 멀리 나아가서 내장의 운동까지 담당한다. 11번 신경은 목과 어깨 근육의 움직임, 12번 신경은 혀의 움직임을 담당한다.

텅 비어 있는 얼굴뼈에 피부와 점막이 입혀지고 혀가 자리 잡는다. 뇌와 눈, 치아, 코, 귀가 자리를 잡으면서 해골 모양의 얼굴뼈는 비로소 사람다워졌다. 하지만 아직 무엇인가 허전하고 부족하다. 이제 외부에서 들어오는 자극을 느끼고 반응할 수 있는 신경이 들어올 차례다. 바로 이 12개의 뇌신경들이 아직까지는 구조로만 완성된 우리의 얼굴을 드디어 살아있게 만든다.

지금부터 시작하는 이야기에 복잡한 12개의 신경을 모두 다루는 것은 사실상 불가능하다. 얼굴뼈와 좀 더 밀접한 관계에 있는 5번 신경(삼차신경)과 7번 신경(안면신경)을 중심으로 이야기해보자.

얼굴의 감각을 책임지는 5번 신경, 삼차신경

세 개의 갈래로 갈라진다고 해서 삼차三叉, trigeminal신경이라는 이름이 붙은 5번 신경은 뇌신경 중에서 가장 크다. 그리고 얼굴로 들어오는 외부 자극을 받아들이는 감각신경과 저작 근육을 움직여 씹는 기능을 담당하는 운동신경, 즉 감각과 운동의 두 가지 신경이 함께 있는 혼합신경이다. 뇌교pons에서 출발한 삼차신경은 머리뼈 속에서 이미 안신경ophthalmic nerve, 상악신경maxillary nerve, 하악신경mandibular nerve의 세 갈래로 갈라진다. 이들은 머리뼈 바닥에 각자의 구멍을 통해 밖으로 빠져나와 안면 부위에 분포한다. 얼굴을 크게 위, 중간, 아래로 3등분한 세 개의 신경은 각각 자기가 담당한 부위의 피부, 점막, 치아, 혀 등의 감각, 즉 촉각, 통증, 압력 등 일반적인 감각에서 복잡하고 미세한 감각까지 감지한다.

외부 자극을 느끼는 것은 우리 입장에서는 매우 일상적이고 당연한 일이다. 단순한 접촉에서부터 생소하고 불쾌한 감각, 기억하고 싶지 않은 통증까지 다양하다. 심한 고통과 불쾌한 느낌은 차라리 감지하지 않는 것이 생활하는 데 더 편하다고 생각할 수 있다. 하지만 통

삼차신경의 갈래

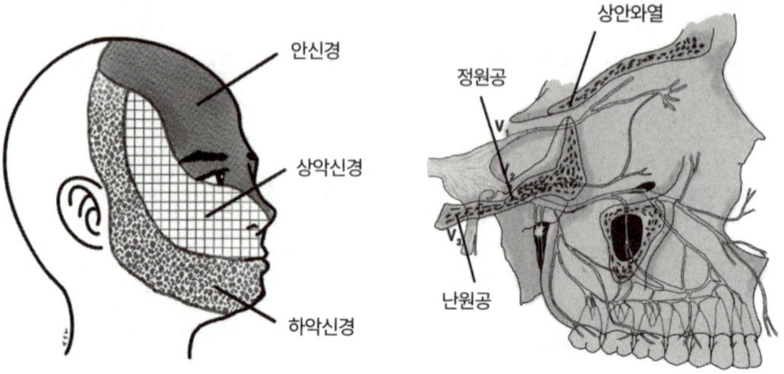

세 갈래로 갈라져 얼굴 전체의 감각을 담당하는 삼차신경

머리뼈 속에서 삼차신경은 세 갈래로 갈라져 각각 다른 구조물을 통과하여 각자의 분포 영역으로 주행한다.

V1	**안신경**ophtalmic nerve	**상안와열**superior orbital fissure	**통과**
V2	**상악신경**maxillary nerve	**정원공**foramen rotundum	**통과**
V3	**하악신경**mandibular nerve	**난원공**foramen ovale	**통과**

얼굴의 감각을 1/3씩 나눠서 담당하는 삼차신경의 세 갈래 중에서 가장 아래쪽에 있는 하악신경mandibular nerve이 가장 굵고 실제 감각과 운동을 동시에 담당하는 혼합 신경이다. 이 신경은 다시 전방과 후방 두 갈래로 갈라져서 전방은 운동신경, 후방은 감각신경이 된다.

전방의 운동신경은 측두근, 교근, 익돌근 등 아래턱뼈와 머리뼈를 연결하는 근육을 조종한다. 이들 근육은 삼차신경에 의해 턱을 돌리거나 당기

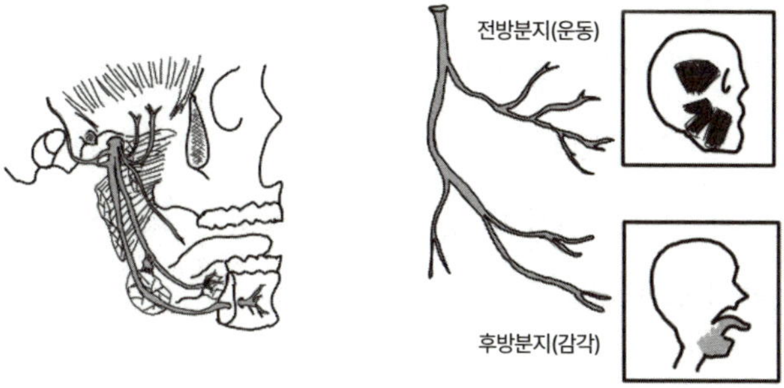

하악신경은 운동과 감각의 혼합신경이다. 전방분지는 운동, 후방분지는 감각을 담당한다.

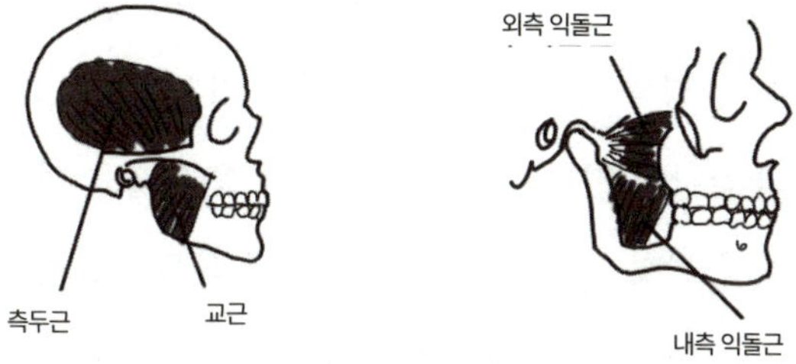

하악신경의 전방분지(운동신경)가 담당하는 저작근들

거나, 혹은 내밀거나 좌우로 움직임을 조합해서 다양한 동작을 만들어낸다. 덕분에 우리는 다양한 종류의 음식을 잘 씹어서 삼킬 수 있다.

후방의 감각신경은 아래턱 부위 피부, 점막, 치아의 감각과 혀의 일반적인 감각을 담당한다. 한편, 특수한 감각인 미각은 7번 뇌신경인 안면신경에서 내려오는 고삭신경chorda tympani nerve이 아래턱 신경에 합류해서 담당한다. 이 안면신경은 아래턱과 혀 밑의 침샘(악하선과 설하선) 분비를 조절한다.

각은 생존에 필수적인 일종의 방어 감각이다. 통각이 없다면 유해한 외부 충격을 감지하지 못하고 미처 피하지 못해 더 큰 피해를 입거나 생명을 잃을 수도 있다. 특히 뇌, 눈, 기도와 같이 생명과 직접 연결되는 중요한 기관들이 몰려 있는 얼굴은 통각의 정상적인 기능이 더욱 중요할 수밖에 없다.

나만이 아는 고통, 감각신경의 이상

다행히 삼차신경은 머리뼈, 위턱뼈와 아래턱뼈, 주변 근육으로 충분히 보호받고 있으므로 외부에서 강력한 충격이 있거나 종양이 침범하지 않는다면 평생 동안 손상 입을 일은 거의 없다. 하지만 일단 손상을 입으면 감각이 없어지므로 삶의 질에 큰 영향을 미칠 수 있다. 운동신경은 손상을 입으면 바로 그 부위가 움직이지 않아서 다른 사람이 알아차리기 쉽다. 또한 운동신경의 마비는 증상을 바로 평가할 수 있고 치료 과정도 확인할 수 있다. 하지만 감각신경의 손상으로 어떤 자극을 느끼지 못하는 것은 남이 공감해줄 수 없고 객관화할 수도 없는 오직 자신만이 아는 고통이다.

삼차신경의 외부적 손상은 턱뼈가 부러질 정도의 외상, 종양이 자라면서 신경조직을 침범하는 경우, 또는 턱뼈 부위의 수술 과정 중 발생하는 상황이 원인이 될 수 있다. 특히 수술 원인으로는 아래턱 뼈의 사랑니 발치, 임플란트 시술, 양악수술 등이 있다. 일단 통각이라는 방어적 감각이 없어진 환자는 식사 중 아랫입술이나 턱 피부에 음식물이 묻어도 다른 사람이 이야기해주기 전까지 묻히고 다니기 일쑤다. 치과 치료 후 마취가 풀리지 않은 것과 같아서 식사 중 입술이나 혀를 깨무는 경우도 흔하다. 하악신경의 손상은 얼굴과 턱뼈 영역에서 의사와 환자 간의 법적 분쟁을 야기하는 중요한 원인 중 하나다.

하악신경의 해부학적 위치는 치과 수술에서 재료, 방법 등에 꾸준히 영향을 끼쳐왔다. 임플란트는 아래턱 속으로 지나가는 하치조신경(하악신경의 가지)을 침범하지 않기 위해서 짧게 설계하는 방향으로 발전했다. 하지만 임플란트가 짧으면 긴 임플란트보다 씹는 힘을 견디기 불리하다. 대신 임플란트 표면에 뼈가 튼튼하게 붙을 수 있도록 표면처리 기술을 개발해서 부족한 길이를 보완했다. 그리고 뼈가 부족한 환자는 충분한 길이의 임플란트를 심을 수 있도록 잇몸뼈의 수직 높이를 보강하는 다양한 뼈 이식 재료와 수술 방법도 함께 발전하고 있다.

사랑니 발치 환자의 경우 매복된 사랑니와 하치조신경의 위치를 미리 파악해서 손상 가능성을 줄이기 위해 발치 수술 전에 CT를 찍기도 한다. 아래턱 뼈를 절단해서 원하는 위치에 뼈를 고정하는 양악수술의 경우 뼈를 절단할 때 하치조신경이 손상을 입는 것을 피하기 위해 다양한 기구와 수술 디자인이 100년 넘게 진화하고 있다. 따지고 보면 이 모든 눈물 겨운 노력은 하치조신경이 아래턱 뼈 속으로 유유히 지나가기 때문이다. 만약 아래턱뼈에 하치조신경이 없다면 임플란트는 기분 나는 대로 길게 심으면 그만이고 사랑니를 발치할 때도

하악신경 후방분지의 분포와 기능

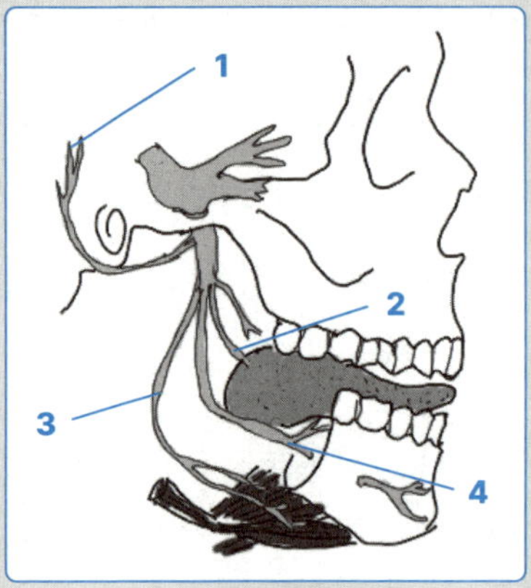

1 이개측두신경auriculotemporal nerve

2 설신경lingual nerve

3 악설골신경mylonyoid nerve

4 하치조신경Inferior alveolar nerve

1 귓바퀴, 측두부 감각

2 혀 앞쪽 2/3 일반 감각

3 턱 아래 부위 감각. 해당 부위 근육 '운동'도 담당

4 하악 치아, 치은, 점막, 입술, 턱끝의 감각

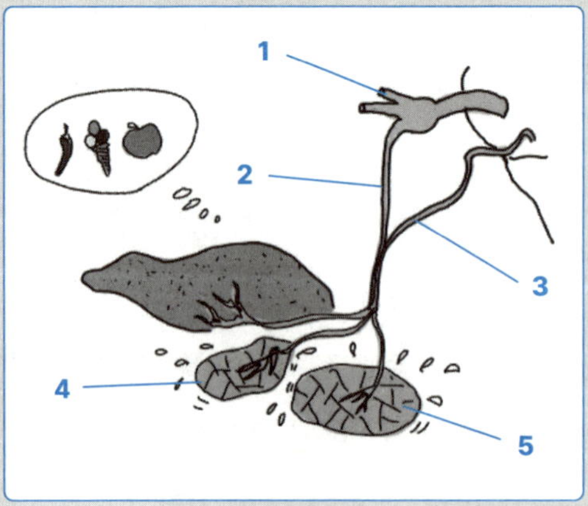

1 삼차신경trigeminal nerve

2 하악신경mandibular nerve

3 안면신경facial nerve

4 설하선sublingual gland

5 악하선submandibular gland

고삭신경chorda tympani nerve

안면신경이지만, 삼차신경과 함께 주행하면서 혀 앞쪽 2/3의 미각과 침샘(악하선, 설하선)의 분비에 관여한다.

균이 CT를 찍을 필요가 없다. 양악수술도 치아만 피해서 턱뼈를 자르기만 하면 그만이다.

감각이 없어지는 것도 고통이지만, 신경의 병적 변화로 지속적으로 통증을 느껴야 한다면 그것 또한 끔찍한 고통이다. 삼차신경통은 삼차신경이 지배하는 영역에 극심한 안면통증을 동반하는 신경병증이다. 머리뼈 내에서 혈관 등이 삼차신경을 압박하거나, 외상이나 종양 등이 원인이 될 수 있다. 약물을 쓰거나, 화학물질로 신경을 차단하거나, 심각하면 머리뼈 속으로 접근해서 신경 주변의 압력을 줄이는 방법이 있지만 완벽한 치료가 쉽지 않다. 눈에 보이는 운동신경의 마비와 달리 본인만 느끼는 신경병증이라서 의사도 자신의 증상을 공감해주지 못하는 것 같아 답답할 뿐이다. 삼차신경통은 혼자만 아파야 하는 외로운 병이다.

우리는 인간이기에 얼굴 피부에 스치는 바람을 통해 계절의 변화를 느끼고 구강 점막으로 한가득 들어온 음식물을 느끼며 배부름을 미리 기대한다. 그리고 이 수많은 자극은 늘 느끼는 것이기에 당연하다고 생각한다. 하지만 뼈와 그 위에 붙는 근육과 혈관 그리고 피부가 입혀져 완성되는 얼굴이라는 구조물은 삼차신경을 통해 느낌이라는 것을 가지면서 비로소 인간다움을 완성한다. 이러한 신경이 받는 손상과 병적인 변화에 대해서 우리는 아직도 모르는 것이 많다.

이름 그대로 얼굴 그 자체인 7번 신경, 안면신경

안면신경은 표정근을 움직여 얼굴의 표정을 만들어낸다. 표정 외에도 침샘을 분비하고 삶의 질에 가장 중요한 미각도 담당한다. 얼굴뼈의 입장에서 보면, 자신을 덮고 있는 피부와 근육에 감각을 전달하는 삼차신경과 움직임을 부여하는 안면신경은 자신에게 역동성을 부여하는 중요한 신경일 것이다. 안면신경은 복잡한 기능을 수행하는 만큼 감각과 운동을 함께 담당하는 혼합신경이다.

안면신경 역시 두개골 속에서 출발해서 관자뼈temporal bone(측두골) 바닥에 구멍을 뚫고 밖으로 나온다. 귀 아래 턱뼈 뒤쪽을 돌아서 이하선(귀밑 침샘)을 파고 들어가 다섯 개의 가지로 갈라진다. 침샘 속에서 갈라진 가지들은 이마부터 눈, 뺨, 코, 입술, 목까지 얼굴을 만드는 근육에 분포해서 사람의 표정을 만든다. 바이러스 감염, 외상, 종양으

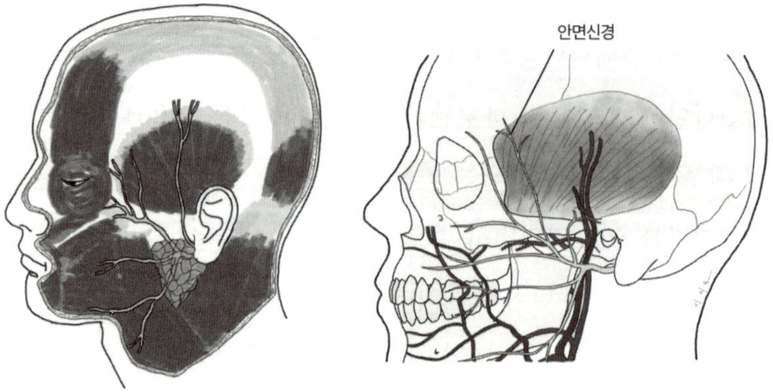

안면신경과 얼굴의 표정근, 그리고 얼굴뼈와 주변 혈관들

로 안면신경이 영향을 받으면 마비가 온다. 흔히 벨 마비Bell's palsy 혹은 구완와사라 부르는 이 병은 질환이 발생한 쪽 얼굴의 표정을 잃게 할 뿐만 아니라 생기 없는 얼굴로 만든다.

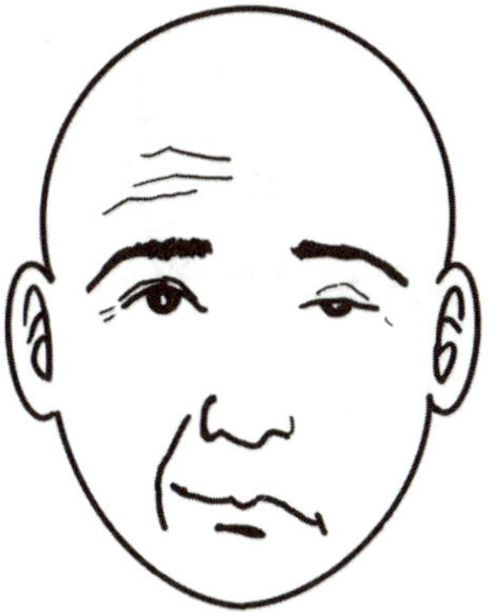

안면마비는 이 그림의 얼굴 왼쪽처럼 찡그려서 주름을 만들거나 눈을 감기가 어렵다. 눈과 입이 처지며 평평하고 표정 없는 얼굴이 된다.

맛은 인간의 삶을 풍요롭게 만든다. 모든 동물은 살기 위해 먹지만 이에 더해 즐기기 위해 먹는 것은 인간이 유일하다. 안면신경이 담당하는 또 하나의 중요한 감각, 즉 특수감각이 바로 미각이다. 혀의 앞쪽 2/3 미각은 7번 안면신경이, 뒤쪽 1/3은 9번 설인신경이 담당한다. 우리는 맛집을 찾아가기 위해 몇 시간의 이동을 마다하지 않으며 수 시간 동안 긴 줄에서 대기하는 것도 당연하게 생각한다. 혀를 통해 전달되는 맛의 즐거움은 배부름과 같이 내려놓을 수 없는 또 다른 즐거움이다. 만약 미각이 존재하지 않고 오로지 배고픔 때문에 먹기만 한다면 인생의 즐거움은 반감될 것이다. 사람들은 미쉐린 가이드 별의 개수도 궁금하지 않을 것이고, 검은 옷과 흰옷을 입은 요리사들이 음식으로 서바이벌 게임을 하는 흥미진진한 TV쇼도 존재하지 않을 것이다. 미각신경이 없다면 우리의 삶은 색깔이 빠져나간 흑백영화처럼 심심하고 건

혀의 미각을 담당하는 7번 안면신경과 9번 설인신경

조할 것이다.

미각은 단순한 즐거움의 문제로 국한되지 않는다. 생존을 위한 중요한 기능이기도 하다. 인간은 독극물을 비롯한 해로운 물질의 맛을 경험하고 이를 머릿속에 저장함으로써 생존을 위한 데이터를 축적한다. 지금이야 대부분의 사람들이 문명화된 도시에 살고 있기에 가공된 식품을 먹거나 고기, 채소, 생선 등도 유통 과정에서 안정성이 검증된 것들을 먹게 된다. 그리고 먹지 말아야 할 것들에 대한 자료와 구별 방법들이 이미 잘 알려져 있다. 하지만 식품 위생이 지금만큼 발전하지 못했던 고대에 야생의 확인되지 않은 동식물을 섭취하는 것은 때에 따라 목숨을 걸어야 할 수도 있었다. 특히 농경의 발달로 정착문명을 이루기 전, 수렵과 채집만으로 식량을 구하던 사회에서는 미각을 통해 얻은 다양한 식품에 대한 경험치가 매우 중요한 생존 요소였다.

인류 역사상 미각을 가장 열심히 사용한 인물을 소개하고자 한다. 중국 신화에 등장하는 신농이다. 신이면서 인간이기도 한 중국 고대 지도자 중 한 사람인 신농은 인간에게 의학과 농사에 관한 지식을 전수했다고 한다. 사람의 몸, 소의 머리, 투명한 배를 가진 그는 질병을 치료하기 위해 매일 숲에서 야생 식물을 채취하여 직접 맛을 보고 수백 가지의 약초와 독초를 구분했다. 그 과정에서 얻은 식물의 정보로 농사에 관한 지식도 정리해서 사람들에게 가르쳤다고 하니 태곳적 인류에게는 은인과 다름없는 인물이었다. 반은 신이라고는 하지만, 신농도 인간은 인간이었던 것 같다. 하루에도 수십 번 독초에 중독되었기에 온몸이 만신창이였다고 한다. 결국 독초 중독으로 생을 마감했다고 하니 그의 프로 의식과 희생 정신은 정말 대단하다고 할 수밖에 없다.

중국 고대사 속 전설의 인물 신농

신농이 실존 인물이라고 믿기는 어렵다. 아마도 의학과 농업이 정교하게 발달하기 전, 수많은 사람이 다양한 식물을 맛보는 와중에 독에 중독되기도 하고 몸에 좋은 약초, 식량으로 쓰기 적절한 작물들을 찾아내는 과정에서 축적된 경험이 집약되어 실체화된 존재가 신농이라는 신화적 인물일 것이다. 우리는 굳이 체험하지 않아도 생각만으로 충분히 판단할 수 있는 것들을 두고, 그렇게 하지 못하는 사람을 '똥인지 된장인지 먹어봐야 아느냐'고 핀잔을 주기도 한다. 하지만 태고의 시절에는 7번 신경, 즉 미각 하나만 믿고 그렇게 했어야만 살아남을 수 있었다.

7번 신경이 만드는 인간다움, 표정

공상과학 영화사에 길이 남을 걸작 「터미네이터 2」의 마지막 장면에서, 인조인간 T-800(아널드 슈워제네거)이 인간의 감정 표현에 관한 재미있는 대사를 남긴다. 그 유명한 "I'll be back"이 아니다. 주인공들은 최강의 적인 액체금속 인조인간 T-1000을 용광로에 떨어뜨려 물리치고 1편에서 남았던 인공지능 칩과 터미네이터의 팔도 용광로에 던져버린다. 그런데 T-800은 아직 완전히 끝난 것이 아니라면서, 자신의 머릿속에 있는 인공지능 칩이 나중에 인류를 멸망시킬 인공지능 스카이넷의 시작이 될 수 있다며 스스로 용광로에 들어가려고 한다. 소년 존 코너가 T-800과의 이별에 괴로워하며 눈물을 흘리자 T-800은 무표정하게 "네가 왜 우는지 안다I know now why you cry", "하지만 그건 내가 할 수 없는 것이구나But it is something I can never do"라고 말하며 용광로 속으로 사라진다. T-800은 매우 슬프지만 눈물을 흘릴 수도 없고, 슬픈 표정을 지을 능력도 없다는 이야기다.

핵전쟁을 일으켜 인류를 멸망 직전까지 몰아넣고 타임머신을 이

영화 「터미네이터 2」의 마지막 이별 장면

용해 과거로 암살자까지 보내는 가공할 능력의 인공지능 '스카이넷' 이지만 인간의 감정까지 완벽하게 얼굴에 표현하는 인조인간은 만들 수 없었던 것인지도 모른다. 여러 개의 표정근을 동시에 일그러뜨려 슬픈 표정을 짓고 눈물샘에 분비 명령을 내려 눈물 흘리게 하는 것은 모두 7번 신경인 안면신경의 몫이다. 웃는 표정, 화난 표정, 실망한 표정 모두 7번 신경과 얼굴 근육의 동작이 만들어내는 복잡한 감정의 표출이다. 스카이넷이 여기까지 오지는 못한 것 같다.

얼굴 근육을 움직여 감정을 표현하는 것은 동물 중에서는 인간이 유일하다. 일부 과학자들이 동물도 표정을 지을 수 있다는 연구 결과를 발표하기도 하지만, 표정을 언어 외에 적극적인 의사소통 수단으로 사용하는 동물은 인간이 유일하다. 역으로 표정이 없거나 감정 표현이 결여된 얼굴은 영화나 드라마에서 인간답지 않음을 표현하는 상투적인 장치로 사용된다. 냉혹한 킬러, 사이코패스 살인마, 외계인에게 인격을 빼앗긴 인간 등의 등장인물은 하나같이 무표정한 얼굴을 하고 있다.

표정은 결국 주름의 배열이다. 얼굴 근육들은 자신들 바로 위를 덮고 있는 피부를 오므렸다 폈다 하면서 표정을 만든다. 하지만 탄력 있는 피부도 나이를 먹고 몇십 년간 여러 가지 표정을 만들면서 깊게 패인 주름으로 세월의 흔적을 남긴다. 이렇게 만들어진 주름은 안면신경이 아무리 펴라고 신호를 보내도 펴지는 주름이 아니다. 과거에는 사람들이 펴지지 않는 주름을 세월의 흔적으로 담담하게 받아들였지만, 현대인은 좀 다르다. 신경을 마비시키는 맹독 물질, 보툴리눔 톡신은 21세기 주름진 얼굴과 세월이 야속한 사람들에게 새로운 희망이 되었다.

처음에는 극소량을 주사해서 눈 떨림과 사시교정에 사용했지만, 안면 근육에 주사하면 일시적인 표정 근육의 마비 상태로 주름이 펴지는 효과 덕분에 맹독에서 미용 성형 물질로 재탄생했다. 보톡스가 얼굴의 풍부한 표정을 조금 가져가더라도 주름까지 같이 가져가 주기 때문에 사람들은 기꺼이 주사를 맞는다. 게다가 6개월 정도면 원래대로 돌아와 준다고 하니 더 망설일 필요가 없다.

보톡스 말고 얼굴에 할 수 있는 수많은 미용 시술이 있다. 시술을 하면 할수록 어느 정도 젊어 보이고 아름다워질 수는 있지만 획일적이면서 인형처럼 무표정하게 변하는 얼굴은 어쩔 수 없다. 얼굴을 인간답게 만드는 데 있어서는 스카이넷도 미용 성형 물질도 안면신경과 얼굴 근육의 콜라보를 아직까지 따라오지 못하는 것 같다.

먹고사는 데 모두 동원되는 12개 뇌신경

다시 먹는 이야기로 돌아와보자. 조물주가 의도한 것인지는 모르겠으나, 잘 따지고 보면 인간은 한 끼 식사를 위해 12개의 뇌신경을 다 사용한다. 앞에서 이야기한 5번, 7번 신경으로 음식을 씹거나 맛을 보는 것과 같은 적극적인 사용 말고도 나머지 10개의 뇌신경이 직·간접적으로 생존을 위한 필수 활동, 즉 음식 섭취에 모두 동원된다.

들판에서 사냥을 하고 과일을 따서 먹을 것을 구하던 원시 시대로 가보자. 우선 먹을 것을 찾기 위해서 이곳저곳을 살펴야 한다. 2번 신경인 시각신경과 안구를 움직이는 3번, 4번, 6번 신경을 사용해야 한

원시 인류, 현대인 모두 먹을 것을 구하기 위해 12개 뇌신경을 사용한다.

다. 11번 더부신경이 목의 근육을 조절해 고개를 이리저리 돌리면서 먹을 것을 찾는다. 1번 신경인 후각신경으로 먹을 것의 냄새를 맡는 것도 중요하다. 8번 신경을 이용해 사냥감의 소리를 듣고 나무 위에 올라가 과일을 따기 위해 균형을 잡기도 한다. 이제 먹을 것을 구했다면 7번 신경과 9번 신경으로 살짝 맛을 보고 고기가 상했는지 과일과 풀은 먹을 만한 것인지 확인하고 나서, 자신도 먹고 아이들에게도 건네준다. 준비된 음식을 입에 넣고 소화하기 좋게 씹는다. 여기서 저작근을 사용하려면 5번 삼차신경이 중요하다. 입안에 들어온 음식물은 먹기 좋게 여기저기로 혀를 이용해 굴려줘야 한다. 이것은 12번 신경인 설하신경이 없다면 불가능한 일이다. 여기에 안면신경에서 침샘으로 보내는 신호로 적절하게 침이 분비되어 음식이 입안에서 부드럽게 섞이고 삼키기 좋게 만들어진다. 9번 설인신경에 의해 혀와 인두의 근육이 움직여 음식을 식도로 넘기게 된다. 10번 미주신경은 내장 전반에 분포하면서 소화를 돕는다. 이것만 보면 조물주가 작정하고 인간이 먹이를 찾고, 입에 넣어 씹고, 삼키고, 소화하는 모든 과정에 12개의 뇌신경을 총동원하도록 설계해놓은 것 같다.

그렇다면 씹고 맛보고 침을 분비하고 삼키는 데 사용하는 몇 개의 신경만 사용하면 되지 않을까? 더는 사냥과 채집을 할 필요가 없는 문명사회에 사는 우리는 이와 같이 생각할 수 있지만 꼭 그렇지는 않은 것 같다. 여전히 우리는 먹기 위해서 12개의 신경을 직·간접적으로 모두 사용한다. 맛집을 찾기 위해 블로그나 인스타그램을 검색

하며 눈을 사용하고 냄새를 맡는 코도 여전히 필요하다. 두리번거리며 식당을 찾아야 하니 더부신경도 사용해야 한다. 식당가에서 사람들이 몰리는 웅성거림도 감지해야 하니 청각도 중요하다. 차이가 있다면 이들 신경을 원시 시대에는 생존을 위해 처절하게 사용한 것과 달리, 지금은 즐기는 쪽으로 좀 더 집중해서 사용하는 것일 뿐이다.

12개의 뇌신경을 모두 얼굴에 몰아넣은 것은 조물주의 의도일까? 신이 인간을 빚은 다음 마지막으로 숨결을 불어넣어 살아 움직이게 하듯 점막과 근육, 그리고 피부가 덮인 얼굴뼈에 신경이 들어오면서 비로소 진짜 인간다움이 완성된다.

뒤통수보다 조심해야 하는 치명적인 옆통수
공간

무협영화에서 관자놀이를 약점으로 언급하거나 전쟁 영화에서 권총으로 머리 옆부분, 즉 측두부에 총을 쏘는 장면을 한 번쯤은 본 적이 있을 것이다. 머리는 뇌를 수용하며 각종 감각기가 모여 있으므로 기본적으로 단단한 뇌머리뼈의 보호를 받는다. 그중에서 충격에 가장 취약한 곳이 측두부다. 두개골에서 가장 얇은 부분이고 그 아래 뺨에 해당되는 부분도 중요한 혈관들이 지나가기에 손상을 입으면 치명적인 결과를 초래할 수 있다. 뒤통수를 맞았다는 표현은 있어도 옆통수를 맞았다는 표현이 드문 것은 아마도 그런 충격을 받으면 살아있기 힘들어서가 아닐까?

이 공간은 실제로 비어 있는 것은 아니고, 대부분 씹는 기능을 하는 저작근들로 채워져 있다. 이 근육들과 함께 혈관, 신경 등이 복잡하게 얽혀 있는 곳이 옆통수, 즉 관자놀이temporal fossa(관자우묵)와 그 아래 공간infratemporal fossa이다. 단순히 외부에서 보이는 얼굴뼈를 넘어, 그 속에 숨겨진 구조를 이해하는 것은 의학적으로도 매우 중요한 의미를 가진다. 작은 차이가 큰 결과를 만들듯, 옆통수라는 이 은밀한 공간을 이해하는 것은 단순한 해부학 지식을 넘어, 우리의 몸과 삶을 지키는 중요한 통찰이 될 것이다. 이제부터 얼굴뼈에서 가장 치명적이고 복잡한 옆통수, 즉 측두와temporal fossa와 그 아래 공간 측두하와 infratemporal fossa를 살펴보자.

광대뼈 아래 공간, 측두하와

측두부에서 광대뼈 아래 공간을 측두하와Infratemporal fossa라고 한다. 측두하와는 관자놀이 아래, 광대뼈와 위턱뼈, 아래턱뼈에 둘러싸인 작은 공간이다. 대략 성인 손가락 두 개 정도가 겨우 들어갈 만한 공간이지만 턱의 기능, 얼굴 감염, 암의 진행과 관련되어 중요한 의미가 있다.

측두하와는 턱과 얼굴 영역에서 일종의 허브Hub라고 볼 수 있다. 허브라는 것은 단어 뜻 그대로 해석하면 바퀴의 중심이라는 의미다. 바퀴는 중심Hub을 향해 바퀴살들이 안정적으로 뻗어나가면서 바퀴를 지지하므로 그 기능을 수행할 수 있다. 기능적 의미에서 허브는 복잡한 물류나 정보 등을 한곳에 모았다가 재분배하는 지점이나 시스템을 의미한다. 국제공항처럼 다양한 국가의 항공편이 드나드는 허브

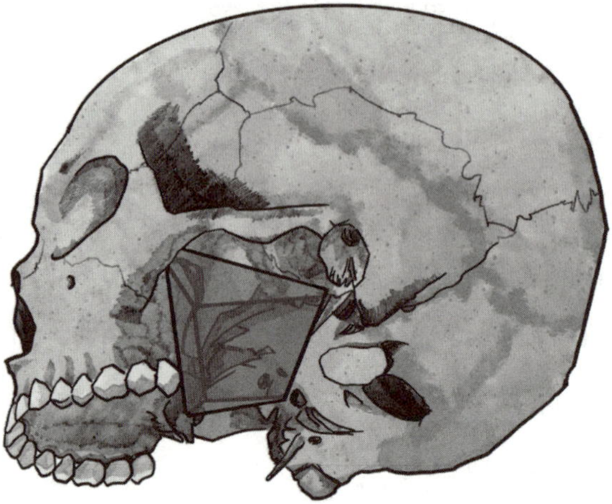

측두하와 공간(투명한 삼각기둥 부위)

공항, 택배 회사의 화물이 모였다가 각각의 배송지로 뻗어나가는 물류 허브, 각 국가의 자본이 거래되는 금융 허브 등이 이러한 의미의 허브라고 할 수 있다. 그런 의미에서 목에서 뇌로, 뇌에서 목으로 통하는 각종 동맥, 정맥, 신경이 모여서 지나가는 측두하와도 얼굴에서 일종의 허브라고 할 수 있다.

중요한 요충지인 만큼 얼굴 깊숙한 부위에 있으면서 주변의 뼈들이 겹겹이 막아서 보호하고 있다. 삼각기둥 형태 공간의 지붕은 관자뼈, 앞쪽 벽은 위턱뼈와 광대뼈, 내벽은 나비뼈, 외벽은 아래턱뼈로 구성되어 있다.

만약 이 부위에 종양이 생긴다면 수술로 제거하는 것이 어렵다. 얼굴 피부, 구강 점막, 저작근, 얼굴뼈들에 둘러싸여 접근을 쉽게 허락하지 않기 때문이다. 게다가 그러한 곳들을 피해서 수술하다 보면 심각한 출혈이나 신경 손상이 발생할 수도 있다.

측두하와 속의 내용물

이 좁고 비밀스러운 공간은 뇌와 목을 연결하는 수많은 혈관과 신경들의 허브라고 앞에서 이야기했다. 만약 이곳에 손가락을 집어넣어 더듬어 본다면(실제로 그렇게 하는 것은 불가능하지만 한번 상상해보자) 물컹물컹한 지방 조직, 조금은 단단하지만 부드러운 근육, 그리고 펄떡펄떡 뛰는 동맥을 느낄 수 있을 것이다.

방금 만져보았던 근육은 입을 벌리며 닫고, 음식을 씹는 기능을 담당하는 네 개의 근육 중 외측 익돌근lateral pterygoid muscle과 내측 익돌근medial pterygoid muscle이다. 이 두 개의 근육이 측두하와 공간의 대부분을 채우고 있다. 펄떡펄떡 뛰는 동맥은 위턱동맥maxillary artery(상악동맥)이다. 이 동맥과 함께 위턱정맥maxillary vein(상악정맥)과 익돌근 정맥총pterygoid venous plexus이 함께 분포해 있다. 신경은 얼굴 아래쪽 1/3의 운동과 감각을 담당하는 아래턱 신경mandibular nerve(하악신경)이 지나간다.

갑자기 많은 혈관과 신경이 근육과 뒤엉킨 모습을 상상하려니 머리가 어지러울 수도 있을 것 같다. 우선 이 공간 속에서 가장 중요한 구조물인 위턱동맥이 어떻게 지나가는지를 천천히 따라가면서 복잡한 공간을 차분하게 들여다보자.

측두하와의 주인공, 위턱동맥

위턱동맥은 턱관절 뒤쪽에서 출발해서 위턱뼈 내부로 들어갈 때까지 측두하와의 공간을 오롯이 관통한다. 이 과정에서 약 15개 정도의 가지를 내면서 이 공간을 둘러싼 뼈와 근육에 혈액을 공급한다.

위턱동맥을 따라가면 측두하와 전체를 지나갈 수 있다. 크게 세 가지 구간으로 나뉜다. 첫 번째는 아래턱뼈에 덮여 있는 '뼈의 구간', 두 번째는 외측 익돌근을 지나는 '근육의 구간', 그리고 위턱뼈 후방의 깊은 골로 들어가는 세 번째 구간인 '익돌구개pterygopalatine 구간'을 지난다. 외상이나 양악수술, 턱뼈 골절 수술, 구강암 수술을 하는 과정에서 이 동맥이 손상되면 심한 출혈이 발생한다.

복잡한 정맥 혈관 네트워크, 익돌근 정맥총

측두하와의 대표 동맥이 위턱동맥이라면 측두하와의 대표 정맥은 익돌근 정맥총이다. 이름은 복잡하지만 얇은 정맥들이 복잡하게 얽

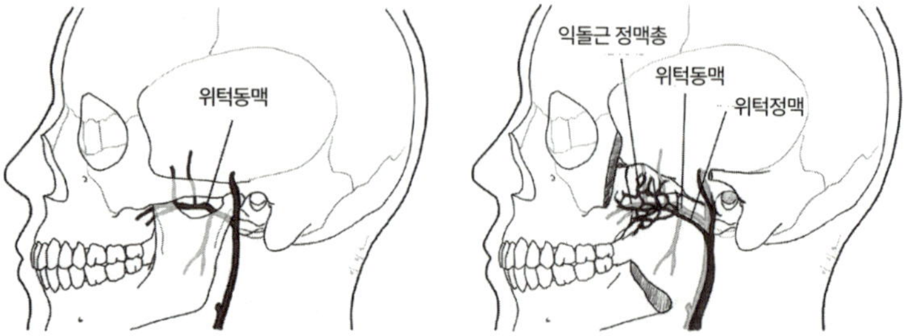

위턱동맥, 위턱정맥과 익돌근 정맥총

혀 있는 일종의 혈관 네트워크다. 익돌근 정맥총은 위턱동맥이 만들어내는 가지들과 거의 동일한 이름의 정맥들을 받아들이며, 위턱동맥을 둘러싸는 그물 모양으로 뇌와 얼굴의 정맥들과 서로 교통한다. 양악수술 도중 기구 조작에 의해 찢어질 경우 쉽게 출혈이 발생하지만 위턱동맥보다는 상대적으로 쉽게 지혈된다.

익돌근 정맥총은 얼굴 깊은 곳의 혈관 네트워크답게 머리뼈 속의 해면정맥동Cavernous sinus이라는 특수한 구조물과 연결되어 있다. 해면정맥동은 스펀지 형태의 정맥 혈관 네트워크로, 머리뼈 속에서 뇌하수체를 중심으로 좌우에 위치하고 있다. 이 느슨한 공간 속으로 경동맥, 12개의 뇌신경 중에서 3번Oculomotor(동안신경), 4번Trochlear(활차신경), 6번Abducent(외전신경) 신경과 5번 신경Trigeminal nerve(삼차신경)의 일부분인 안신경Ophthalmic nerve과 위턱신경Maxillary nerve이 통과한다. 3, 4, 6번 신경은 안구의 운동, 동공, 눈꺼풀의 운동과 관련되어 있으며 5번 신경은 아래턱을 제외한 안면의 감각을 담당한다.

구강이나 얼굴의 감염으로 세균이 해면정맥동까지 침범하면 내부에 피딱지(혈전)가 생기고 염증으로 압력이 상승한다. 이로 인해 내부에 있는 신경이 압박을 받으면서 안구가 돌출되고, 눈꺼풀이 움직이지 않으며, 얼굴 일부에 감각 이상이 나타날 수 있다. 적절한 치료를 받지 않으면 사망하거나 영구적인 장애가 남을 수 있다.

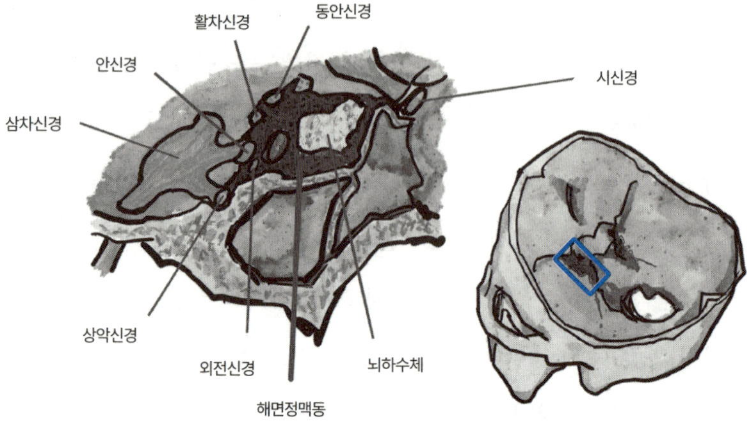

해면정맥동과 내부를 통과하는 신경과 혈관들

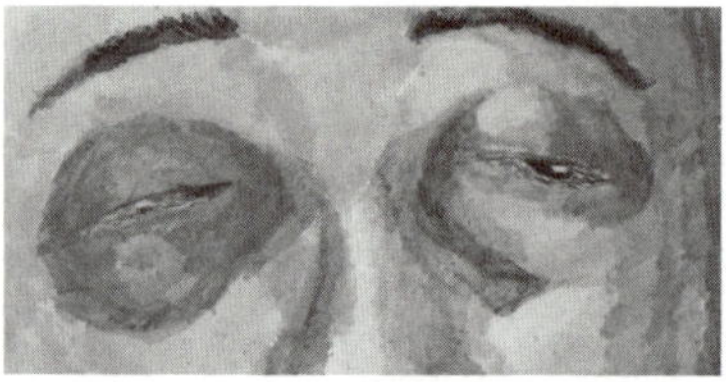

해면정맥동 혈전증(Carvenous sinus thrombosis) 증세를 보이는 환자

치명적인 옆통수, 측두와

이제 측두하와에서 위로 올라가보자. 옆통수에 넓게 붙어 있는 측두근temporal fossa이 나타난다. 이 근육은 아래턱뼈에서 위로 삐죽하게 뻗은 오훼돌기coronoid process에서 시작해 관자놀이에 부채꼴 모양으로 펼쳐지며 머리뼈에 붙는 근육이다. 관자놀이 측두골은 이 근육

을 떼어내면 움푹 패여 있다. 이 공간을 측두와temporal fossa(관자우묵)라고 하며 측두근이 이곳을 채우고 있다. 측두근 표면으로는 천측두동맥Superficial temporal artery이 경동맥에서부터 갈라져 올라오고, 측두하와의 위턱동맥에서 시작하는 심측두동맥이 측두와 바닥으로 지나간다.

오훼돌기는 말 그대로 까마귀 주둥이 모양으로 생긴 아래턱뼈의 돌출 부위다. 고난은 함께할 수 있으나 즐거움은 함께할 수 없는 사람의 관상을 장경오훼長頸烏喙라고 하는데, 목은 길고 입은 까마귀 부리같이 생긴 사람을 일컫는 말이다. 춘추 시대 다섯 패자 중 한 명인 월나라 왕 구천은 오나라 왕 부차에게 치욕적인 패배를 당하고 와신상담臥薪嘗膽 끝에 오나라를 멸망시켰다. 그는 복수에 성공했지만, 함께한 공신들을 숙청해버린다. 그의 신하였던 범려가 동료인 문종에게 구천은 "장경오훼의 상이니 토사구팽 당하기 전에 도망가자"고 했으나 문종은 머뭇거리다 죽임을 당하고 범려는 멀리 도망쳤다는 이야기가 있다. 아래턱뼈 본체에서 머리뼈 쪽으로 길고 날씬하게 뻗은 상행지(하악지) 부위와 오훼돌기의 형태를 보며, 그 옛날 월나라 왕 구천이 저렇게 생긴 입으로 가시덤불에 누워 쓸개를 핥고, 뜻

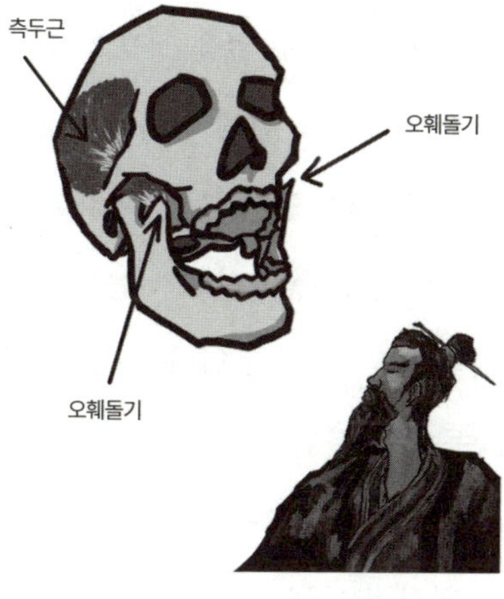

측두근과 오훼돌기, 그리고 월나라 왕 구천

을 이룬 뒤에는 문종에게 자결을 명령했을지도 모르겠다는 상상을 해본다.

월나라 왕 구천 이후 2천 년 정도 시간이 흐른 1649년, 조선에서는 와신상담하던 또 한 명의 남자가 임금이 되었다. 바로 조선의 17대 국왕 효종이다. 1636년 병자호란 이후 청나라에 인질로 끌려갔다가 돌아온 그는 일찍 죽은 형 대신 인조의 뒤를 이어 조선의 국왕이 되었다. 역사학자에 따라 조금씩 해석이 다르지만, 표면적으로는 청나라에 당한 치욕을 갚겠다는 북벌을 평생의 기치로 삼고 경제 개혁과 국방력 강화를 추진했다. 그랬던 효종이 왕이 된 지 10년, 39세의 나이로 요절하고 말았다. 사망 원인이 좀 갑작스러운데, 지금이라면 의료 사고로 뉴스에 크게 보도될 만한 사건이었다. 『조선왕조실록』에 따르면 효종이 사망하기 두 달 전 머리 쪽에 가벼운 종기가 생겼다. 그해 4월 27일 종기는 빠르게 악화되기 시작해서 얼굴 전체로 퍼지고 눈을 뜰 수 없을 정도의 상태가 되었다. 8일째 되던 날 어의 신가귀가 배농을 위해 침을 놓았지만 4~5시간 만에 과다 출혈로 사망하고 말았다. 당시 '산침'이라고 해서 고름이 모여 있는 부위에 산발적으로 침을 놓았다고 하는데, 고름을 빼려고 일종의 무작위적인 절개를 한 것으로 보인다. 그 와중에 동맥이 손상된 것은 아니었을까? 측두안면 부위에 대량 출혈을 일으킬 만한 혈관으로는 측두와 공간의 곁을 지나가는 천측두동맥을 생각해볼 수 있다.

턱관절 부위 수술을 할 때 출혈을 줄이기 위해 천측두동맥을 찾아

노출시킨 다음 미리 결찰하는 경우가 많다. 설사 수술 중 혈관이 찢어지더라도 측두하와보다는 시야가 좋아서 비교적 쉽게 지혈할 수 있다. 하지만 당시 의관이 천측두동맥을 비롯해 측두와에 대한 정확한 해부학적 지식을 가지고 있을 가능성은 거의 없어 보인다. 게다가 수 개월 전부터 눈 주변을 비롯해서 측두 부위에 만성적인 종기가 있었다고 기록되어 있다. 적절한 치료를 받지 못한 채 만성적인 측두부 감염이 진행되었거나 종양이 생겼을 가능성도 배제할 수 없다. 어쨌든 이런 상태가 오래되면, 해당 부위에 만성 염증과 함께 혈관이 많이 발달하게 될 것이다. 이 부위에 정확한 해부학적 지식 없이 산발적으로 침을 놓는다면(배농을 위한 침은 일반적인 침보다 크다고 한다) 천측두동맥이 손상될 가능성은 충분하다. 그 당시 외과적 기술로도 특정 혈관을 찾아서 정확히 지혈하는 것이 쉬운 일은 아니었을 것이다. 효종이 현대의 39세 남성이었다면 항생제 치료를 받거나 CT 촬영 후 적절

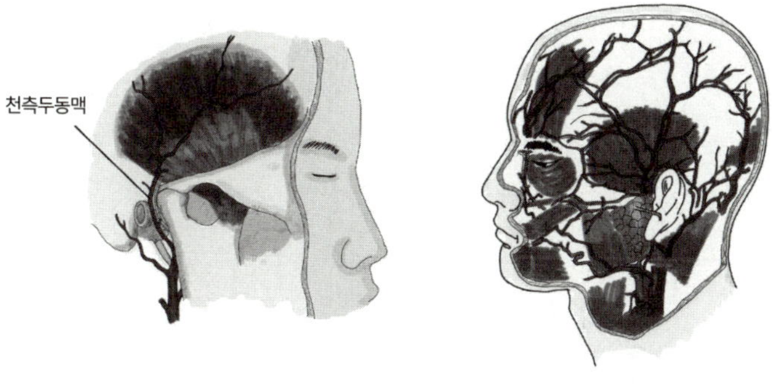

천측두동맥, 머리의 복잡한 동맥과 정맥의 분포

한 외과적 처치가 따랐을 것이고 아마 높은 확률로 생존했을 것이다.

우리의 옆통수, 즉 측두와와 측두하와는 심장에서 올라오는 피가 얼굴을 돌아 다시 심장으로 내려가는 길이 서로 복잡하게 얽혀 있다. 저작근들이 대부분의 공간을 채우고 있는 이곳은 피부와 뼈로 꽁꽁 둘러싸여 외부에서의 접근을 쉽게 허락해주지 않는다. 질병을 방치하거나 선불리 접근하면 목숨을 잃을 수도 있는 비밀스러운 공간이다.

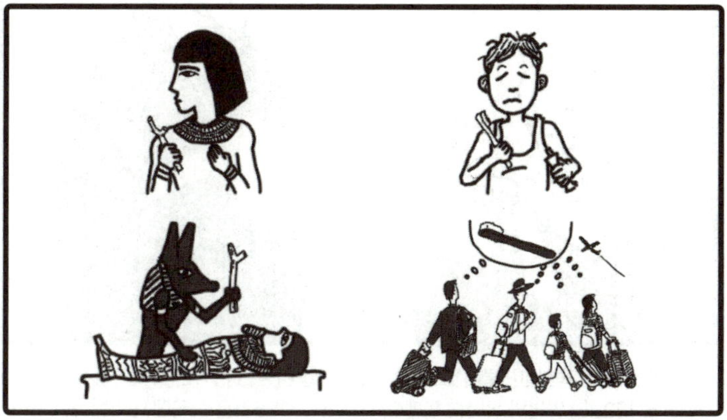

고대에는 칫솔이 없었기 때문에 나뭇가지가 중요한 청결의 수단이었다. 고대 이집트에서는 죽은 자의 마지막 가는 길에 나뭇가지를 챙겨주었다. 현대인들은 여행이나 출장길에 칫솔을 챙긴다.

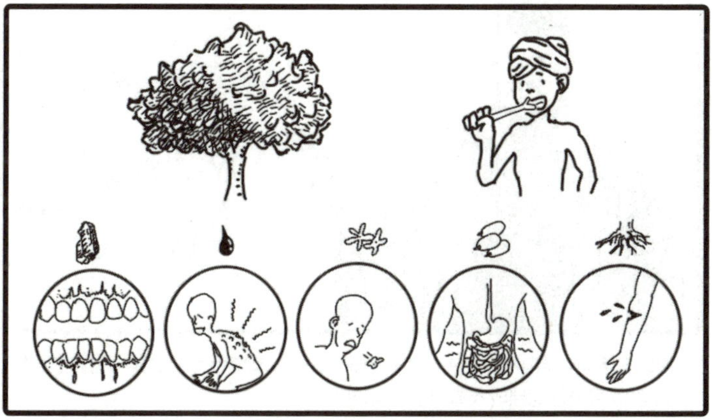

고대 인도인들은 님(Neem) 나뭇가지를 칫솔로 사용했다. 이것은 잇몸병, 피부병, 가래, 위장병, 상처 치료에도 중요한 재료였다.

손잡이에 가느다란 털이 붙어 있는 형태의 칫솔을 사용한 기록은 아시아에서 처음 등장한다. 1223년 일본의 유학승 도겐(道元, 1200~1253)은 중국에서 수행하던 승려들이 소의 뿔과 말의 털로 만든 칫솔을 사용하여 양치질하는 모습을 기록으로 남겼다.

1498년 명나라 홍치제(弘治帝, 1470~1505) 시절, 빳빳한 돼지털을 사용한 현대의 것과 거의 유사한 형태의 칫솔이 발명되었다.

유럽에서 칫솔을 사용한 기록은 1700년대부터 등장한다. 영국의 죄수로 감옥에서 칫솔을 고안한 윌리엄 에디스(William Addis)는 출소 후 칫솔 사업에 성공한다. 칫솔은 이제 대중화의 길을 걷게 된다.

제1차 세계대전 당시 미군은 유럽에서 칫솔을 이용한 위생관리를 경험하게 된다. 이들이 귀국한 후 미국의 칫솔 수요는 크게 증가한다. 그러나 1900년대 초까지 칫솔은 비교적 귀한 물건이었다. 온 가족이 하나의 칫솔을 쓰거나 대학 기숙사에 공용 칫솔이 있는 것은 당시 흔한 풍경이었다.

서민들에게 칫솔이 귀한 것은 비슷한 시기의 한국과 일본도 마찬가지였다. 수백 년 전에 초기 형태의 칫솔이 나왔지만 일반인들은 여전히 나뭇가지를 이용해 양치질을 했다.

1935년 듀폰사의 연구원이었던 월리스 캐러더스(Wallace Hume Carothers, 1896~1937)가 개발한 나일론은 인류의 생활을 완전히 바꾸어놓는다. 가장 인기 있는 나일론 제품은 스타킹이었지만, 첫 제품은 칫솔이었다. 1938년 시장에 나온 나일론 칫솔이 오늘날 사용하는 칫솔의 원형이 되었다.

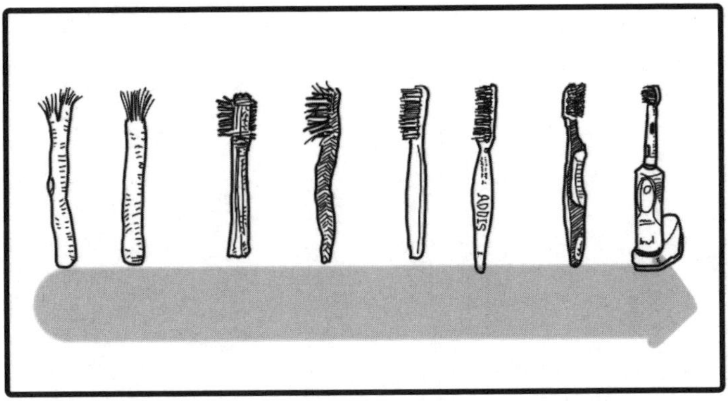

나뭇가지에서 전동칫솔까지 칫솔은 그 시대의 기술을 반영한다.

IT 기술이 진보하면서 이제 칫솔은 스마트폰과 연결되기 시작했다. 칫솔은 이제 단순한 위생 관리기구에서 종합적인 건강관리 시스템의 일부로 진화하고 있다.

의학의 발달로 평균 수명이 연장된 만큼 우리는 노화, 암과 약의 부작용, 오염된 환경으로 인한 새로운 도전을 마주하게 되었다. 잔혹 동화는 끝난 듯 끝나지 않은 듯 계속될 것이다. 그래도 어느 영화 속 대사처럼 사람들은 결국 해결책을 찾아갈 것이다 .

3장

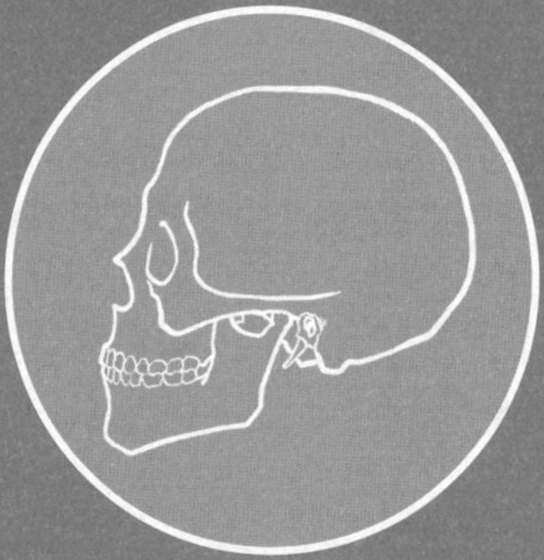

얼굴뼈와 인간 문명

뼈에 새기는 잔혹 동화
골수염

극단적인 표현을 할 때 사람들은 뼈를 빌려온다. '뼈에 사무치는 고통', '뼈를 깎는 노력', '살을 내어주고 뼈를 취한다' 등의 표현은 모두 무서운 고통과 극단적인 희생을 연상시킨다. 단순한 염증이라도 피부에 생기는 것보다 뼈 속에 생기는 염증이 훨씬 집요하고 고통스럽다. 다행히 살에 생기는 염증은 자주 경험하지만 뼈에 생기는 염증, 즉 골수염을 경험해본 사람은 많지 않다. 사실 골수염이라는 병이 보통 사람들에게 익숙하지는 않다.

하지만 인류가 등장하기 훨씬 이전인 고생대 페름기, 2억 9천만 년 전부터 골수염은 척추 동물을 괴롭히던 고질병이었으며, 특히 인류가 출현한 이래로 인간은 이 질환으로 고통받았다. 지금과 비교할 수 없는 가혹한 환경에서 살았던 초기 인류는 피부와 근육은 물론이고 뼈까지 노출되는 부상이 잦았다. 잘 구축된 위생과 의학의 혜택이 없었기에 작은 상처라도 뼈가 노출되면 만성적인 골수염으로 진행되어 죽거나, 살아 있더라도 오랜 시간 고통받는 경우가 많았다.

과거의 인간들은 우리에게 살에 얽힌 이야기보다 뼈에 얽힌 이야기를 훨씬 많이 들려준다. 살은 흔적도 없이 사라지지만 뼈에 남은 염증의 흔적은 오랜 시간 살아남아 우리와 마주하기 때문이다. 골수염은 보통 '고름'을 흘린다. 만성적인 뼈의 염증이 만들어내는 산물이 바로 고름이다. 이집트 상형문자에서부터 이미 고름이라는 단어를 찾아볼 수 있다. 고대인들에게 고름이 흘러나오며 뼈가 썩는 정체불명의 질환은 분명 치명적이었다. 뼈의 생물학적 작동 원리를 이해하고 원인이 밝혀지기 전까지는 상처를 닦고 약초를 짓이겨 바르거나, 최악의 경우 썩은 부위를 잘라내는 것 외에는 할 수 있는 일이 없었다.

19세기 세균의 정체를 알게 되고 방사선 촬영술이 발명되면서 골수염의 실체와 진행 양상이 그 윤곽을 드러내기 시작했다. 20세기 들어 항생제가 개발되었고, 단순 방사선 사진에서 한걸음 더 나아가 CT, MRI, 뼈주사Bone scan(본스캔), PET(양전자 방출 단층촬영) 등 더 정밀해진 검사 기법이 등장하면서 골수염은 저개발 국가를 제외하고는 과거와 같은 치명적인 질환이 아니라, 현대인을 괴롭히는 수많은 만성 질환 중 하나가 되었다.

그렇다고 20세기 전까지 인류가 골수염 환자를 속수무책으로 지켜보기만 한 것은 아니었다. 문명 시대 이전에는 뱀을 갈아낸 가루,

두꺼비를 태운 부산물로 상처를 찜질하거나 약초를 바르는 등 마법책에 나올 법한 방법을 사용했다. 제정 로마 시대를 배경으로 하는 영화 「글래디에이터」에도 주인공의 상처를 구더기가 먹어서 치유하는 장면이 나온다. 실제로 로마 군의관과 이슬람 의사들은 경험을 통해 구더기뿐만 아니라 다양한 소독 요법, 심지어 절단술까지도 상처 감염을 비롯한 골수염의 치료 방법으로 활용할 줄 알았다.

무기의 성능이 향상되고 대규모 동원이 일반화된 근대의 전쟁에서는 다양한 골절 환자가 쏟아져 나왔다. 열악한 위생과 가혹한 전장 환경 때문에 당연히 골수염 환자가 넘쳐났다. 제1차 세계대전 당시 군의관들도 구더기가 부상병들의 오염된 상처를 먹어치우는 것을 목격했다. 보기에는 끔찍했지만, 튀어나온 뼈와 주변의 썩은 살을 구더기가 정리해주면 상처는 생각보다 깨끗하게 나았다. 그들이 로마나 이슬람의 의학서적을 읽어봤는지는 알 수 없다. 하지만 이런 경험들은 앞으로 100년 동안 압축적으로 발전할 의학에 앞서 수천 년을 관통하는 골수염과 싸우는 그들의 무기였다.

한편, 경험에 의존한 치료 방식은 환자의 자연치유 능력에 운명을 걸어야 했다. 골수염이 과거의 치명적 질환에서 오늘날의 관리 가능한 만성 질환으로 넘어가기 위해서는 수술 기법의 발전과 항생제의 개발은 기본이고 위생환경의 개선, 주거환경의 도시화 등 인류 사회가 전반적으로 진보할 필요가 있었다.

얼굴을 갉아먹는 턱뼈의 골수염

이제 사람의 얼굴을 들여다보자. 팔다리나 척추의 골수염에 비해 흔하지는 않았지만, 턱뼈 골수염 또한 의학이 발달하기 전까지는 치명적인 감염 질환이었다. 단, 외부 충격으로 인한 골절과 같은 부상보다는 치아와 점막을 가지고 있는 턱뼈의 특성상 충치, 치주 질환으로 인해 염증이 발생해서 골수염으로 이어지는 경우가 대부분이었다. 하지만 신체의 다른 부위에 비해 잘 보이지 않는 곳인 데다 만성화되더라도 인지하지 못하는 경우가 많아 관련 기록이 많이 보이지 않는다. 다만 18세기에 치과가 의학의 한 분야로 자리 잡기 시작하면서 단순한 충치도 진행되면 턱뼈를 녹이거나 죽음에 이르는 심각한 감염을 일으킬 수 있음을 알게 되었다.

단순 충치뿐만 아니라 치주 질환, 감염, 골절, 구내염, 성병, 결핵 등이 경우에 따라서는 골수염으로 진행되어 턱뼈를 잃게 될 수도 있

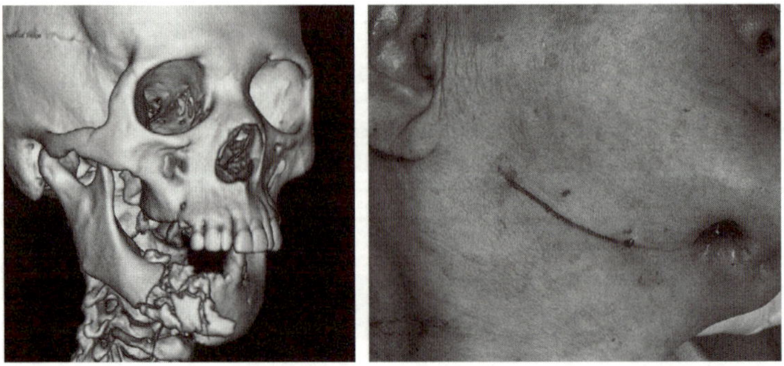

아래턱뼈의 골절로 진행된 골수염. 수술을 앞두고 있는 환자로, 피부를 뚫고 고름이 나오고 있다.

다는 사실이 밝혀졌다. 다른 부위의 골수염과 마찬가지로 20세기 들어와서 이와 같은 치명적인 위험은 크게 감소했고 그저 그런 만성 질환 중 하나로 취급되기 시작했지만, 여전히 상황에 따라서는 위협적인 질병이다. 왕년의 슈퍼스타가 가끔씩 TV에 나와 자신의 히트곡을 부르며 존재감을 드러내듯 턱뼈 골수염은 아직도 인류에게 진행 중인 질병이다.

선진국에서는 이 한물간 가수가 설 자리가 옛날 같지 않고 반응도 뜨뜻미지근하다. 하지만 저개발 국가는 여전히 그에게 노다지와 같은 곳이다. 영양실조, 불량한 위생환경으로 인해 괴사성 치은염, 노마병Noma(괴저성 구내염, 후진국에서 주로 발생하는 병으로 입과 얼굴에 빠르게 진행되는 치명적 감염이다. 구강 조직부터 시작해 안면 조직이 괴사되고 치명적인 감염을 일으키거나 얼굴 기형을 유발한다.) 같은 질병이 골수염으로 발전하는 경우가 많다. 선진국에서도 음주, 흡연, 당뇨, 영양 불균형, 종양, 에이즈, 약물과 방사선 치료, 대사 질환 등의 틈을 비집고 들어와 자신의 건재함을 알리고 있다.

뜨거운 피, 차가운 뼈

피와 뼈는 서로 떼려야 뗄 수 없는 관계에 있다. 뼈는 피를 만들고 피는 뼈를 먹여 살린다. 뼈만 떼어놓고 보면 칼슘과 인, 콜라겐으로 이루어진 차갑고 단단한 무채색의 구조물에 불과하다. 하지만 피가 돌면서 뼈는 살아 있는 인간의 뼈대가 된다. 피가 없는 뼈는 아무것도 아닌 것이다. 골수염은 감염을 비롯한 외부의 원인으로 뼈가 오염되고 염증이 진행되면서 결국 피와 단절되는 병이다. 혈액 공급이 단절된 뼈는 곧바로 죽어가기 시작한다.

피의 공급 방식에 따라 골수염에 대한 위턱과 아래턱의 운명이 달라진다. 아래턱은 뼈 속을 통과하는 하치조동맥이라는 혈관과 골막을 통해 혈액을 공급받는다. 하지만 두껍고 치밀한 바깥쪽 뼈의 구조 때문에 골막을 통해 공급되는 혈액은 한계가 있고, 하치조동맥에 많은 부분을 의존한다. 골수의 염증으로 인해 압력이 올라가고 하치조동맥이 손상되면 아래턱뼈는 혈액 공급이 제한되어 괴사되기 쉽다. 반면 위턱뼈는 거미줄처럼 연결된 여러 동맥으로부터 혈액을 공급받고 있어서 하나의 혈관이 막히더라도 다른 혈관에서 피를 공급받을 수 있다. 또한 아래턱에 비해 골막을 통해서도 풍부한 혈액 공급을 받을 수 있어서 골수염 발생률이 상대적으로 낮다.

골수염의 치료 역시 죽은 뼈, 즉 차가운 뼈에 어떻게 다시 뜨거운 피가 흐르게 해주는가에 달려 있다. 과거에 구더기가 상처 부위를 갉아먹게 하거나, 긁어내고 절단하거나 태우는 모든 과정은 결국 피가 잘 통하는 신선한 뼈와 살이 나올 때까지 오염된 뼈와 살을 제거하는 치료 행위였다. 치료 기구와 방법이 과학적으로 바뀐 것뿐이지 현대의 골수염 수술도 결국 여기서 한 발짝도 벗어나지 않는다. 항생제 개발로 치료법에 큰 진전이 있었지만, 골수염으로 죽은 뼈는 건강한 뼈에서 분리되어 피가 통하지 않기 때문에 몸에 들어간 항생제가 혈관을 타고 목표로 하는 부위까지 도달하기가 어렵다. 이것이 여전히 골수염 치료를 어렵게 만드는 주요 원인이다.

차가운 뼈는 뜨거운 피의 지배를 받는다. 감염이 아니더라도 다른 질환으로 인해 혈액 공급이 원활하지 않으면 골수염이 생길 가능성은 높아진다. 당뇨, 영양장애, 매독, 백혈병, 방사선 치료, 항암 치료, 에이즈, 과음, 흡연 등으로 혈액 공급의 균형이 깨지면 세균의 침입이 없더라도 건강한 턱뼈에 골수염이 나타날 수 있다. 이러한 요인들은 단순한 질병이 아니라 인간의 습관, 사회적 환경의 변화와도 밀접한 관계가 있다. 턱뼈의 수난이 인간 사회의 변화와 무관하지 않은 이유다.

성냥팔이 소녀 못지 않게 비극적인 성냥공장 소녀

19세기 중반 크리스마스 전날 밤 성냥을 팔다가 얼어 죽은 소녀의 이야기는 안데르센이 어린이를 위해 쓴 게 맞나 싶은 잔혹 동화다. 차가운 겨울 밤 길거리에서 성냥 하나하나에 불을 붙여가며 따뜻한 집과 맛있는 음식을 상상으로 불러내지만, 성냥불은 금방 꺼지고 오롯이 비극적인 결말로 직진한다. 당시 많은 가난한 어린이가 처한 현실이 그랬을 것이다. 성냥팔이 소녀만큼 유명하지는 않지만, 같은 시기를 배경으로 하는 또 다른 잔혹 동화 '성냥공장 소녀'도 있었다.

당시 최고의 히트 상품은 단단하고 건조한 곳이라면 어디든 긋기만 해도 불이 붙는 성냥strike-anywhere match이었다. 이 성냥은 백린yellow phosphorus으로 코팅되어 쉽게 불이 붙었다. 인phosphorus, 燐의 동소체인 백린은 공기 중에서 쉽게 불이 붙을 정도로 불안정해서 조명탄과 백린탄의 원료로 사용하는 독성물질이다. 여기서 동소체는 한 종류의 원소로 이루어졌지만, 원자의 배열 상태나 결합 방법이 달라서 성질이 서로 다른 물질을 말한다(흑연, 다이아몬드 등). 백린탄은 살상력과 잔학성 때문에 국제 사회에서 비난의 대상이 되는, 핵무기를 제외하면 현대전에서 가장 악명 높은 무기 중 하나다. 성냥의 제조 과정에서 노동자들은 엄청난 양의 백린 증기를 흡입할 수밖에 없었다. 하루 10시간에서 15시간씩 일하던 그 시절 열악한 성냥공장 노동자들 대부분이 어린 소녀와 젊은 여성들이었다.

당시 턱뼈가 녹아내리는 괴질에 관한 흉흉한 소문이 슬금슬금 성냥공장 주변을 떠돌기 시작했다. 1858년부터 성냥공장에서 근무한 노동자 중에 고름이 피부와 잇몸을 뚫고 흘러나오고 턱뼈가 부서져 나가면서 전신 상태가 악화되는 환자를 진료한 기록이 다수 등장하기 시작했다. 신기하게도 이 괴질은 감염성 골수염처럼 위턱보다는 아래턱에 많이 생겼다. 같은 시기 프랑스에서 60명의 환자를 진료한 보고서에는 30명이 감염의 합병증으로 사망하거나 심한 통증을 견디다 못해 자살했다는 기록이 있다. 사람들은 이 정체불명의 저주를 인으로 된 턱, 즉 인악phossy jaw이라고 불렀다.

1865년 영국의 한 의사가 남긴 인악 치료 기록을 들여다보자. 성냥공장에서 일하는 35세 노동자가 아래턱이 심하게 붓고 피부와 잇

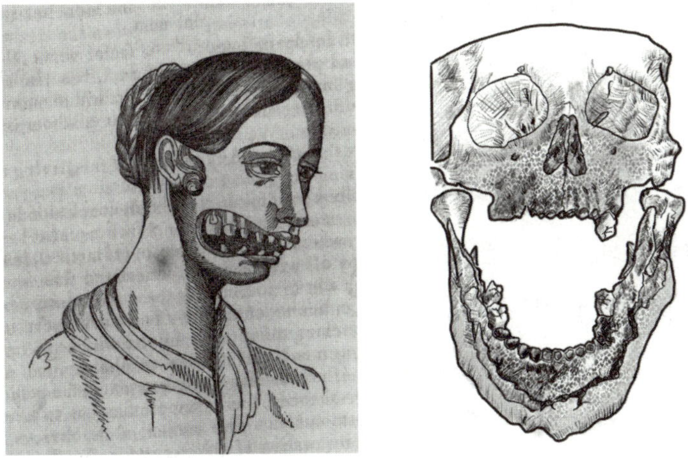

성냥공장 소녀의 잔혹 동화, 인악

몸을 뚫고 흐르는 고름 때문에 오랫동안 정상적으로 식사할 수 없어 몸이 쇠약해진 상태였다. 얼굴 아래쪽으로 턱뼈가 드러나 있었고 입 안으로 치아는 다 빠져버려 갈색으로 변해버린 죽은 뼈가 노출되어 있었다. 아래턱 뼈는 거의 괴사된 상태였고 그나마 남아 있는 부분도 양쪽 귀 근처의 건강한 뼈와 분리된 상태였다. 그래서 담당 의사는 별다른 절단기구 없이 잡아당겨서 괴사된 뼈를 제거할 수 있었다. 다행히 수술 부위 상처는 잘 회복되었지만 환자는 6주 뒤 상기도 폐쇄로 사망했다.

1870년대까지 유사한 사례의 환자들이 계속 나타나면서 인악의 심각성, 성냥공장과의 연관성 등이 사회적으로 공론화되기 시작했다. 하지만 인악이라는 병과 싸우는 의사들에게는 성냥 생산업자, 정치인 등 이해 관계가 얽힌 집단과의 갈등과 각종 분쟁(진실을 은폐하는 음모론 가득한 영화를 보는 것 같다)이 기다리고 있었다. 구세군의 리더인 윌리엄 부스William Booth(1829~1912)와 그를 보좌하는 제임스 베이커James Baker는 1890년대부터 성냥공장 노동과 연관된 인악의 위험성을 고발하는 사회 운동을 본격적으로 시작했다. 그리고 이 질병의 희생자 대부분이 어린 소녀와 젊은 여성이라는 사실을 적극적으로 알렸다.

특히 제임스 베이커는 인악으로 고통받는 환자들이 치료받는 시설에 많은 사람을 초대해서 그들과 직접 만나게 했다. 그는 드라마틱한 연출로 유명했다. 인은 정상적인 뼈에도 들어 있는 성분이다. 밤에 공동묘지에 도깨비불이 보이는 것은 오래된 무덤에서 노출된 뼈에서 인이 발화하면서 빛을 내는 현상이다. 인의 한자 '燐' 또한 도깨비불이라는 의미의 갑골문에서 기원했다. 인악에는 정상적인 턱보다 훨씬 많은 인 성분이 침착되어 있다. 제임스는 인악 환자들이 앉아 있는 방에 사람들을 불러모은 다음 조명을 꺼버렸다. 환자들의 피부와 입안에서 도깨비불이 뿜어져 나왔을 것이다. 물론 초대된 사람들이 평생 잊을 수 없는 기억을 가지고 집으로 돌아간 것은 당연하다.

결국 많은 사람의 노력이 결실을 맺었다. 유럽 국가들이 잇달아 백린을 사용한 성냥 사용을 금지하는 법안을 제정하기 시작했다. 1906년에 스위스 베른에서 백린 성냥에 대한 금지 조치에 미국을 제외한 선진 산업국가들이 합의했다. 미국은 자유무역주의에 기반하여 금지 조치를 거부했으나 1931년 성냥에 높은 세금을 부과함으로써 백린 성냥은 사실상 시장에서 자취를 감췄다. 성냥공장을 떠돌던 음울한 잔혹 동화도 일단 그렇게 일단락되었다.

100년 후 부활한 잔혹 동화

차가운 뼈는 겉으로 보기에는 아무 변화 없이 멈춰 있는 듯하지만, 속에서는 뜨거운 피에 의해 끊임없이 흡수와 침착이라는 개조를 반복하는 다이나믹한 구조물이다. 하지만 이것도 30세 중반까지만 활발하게 진행되고 그 뒤로 내리막길을 걷는다. 나이를 먹으면서 골밀도가 줄어드는 것은 막을 수 없다. 특히 여성은 50세 전후인 폐경

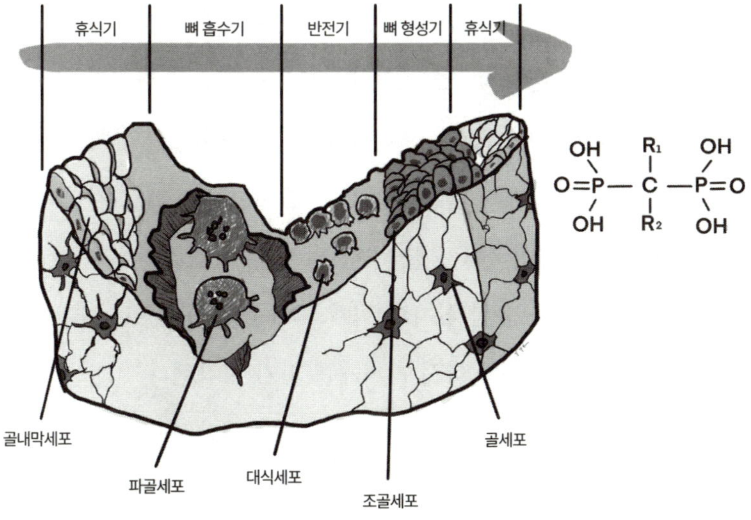

조골세포와 파골세포에 의한 뼈의 리모델링(개조)과 골다공증 치료제 비스포스포네이트의 기본 구조

이후에 골밀도가 빠르게 줄어든다. 골밀도가 감소하면서 뼈 속에 구멍이 생기기 시작하고, 쉽게 부러지는 질환을 골다공증이라고 한다.

건강한 뼈를 유지하는 것은 뼈를 만드는 조골세포와 뼈를 흡수하는 파골세포가 균형을 이룰 때 가능하다. 오래된 뼈를 파골세포가 흡수하고 새로운 뼈를 조골세포가 채워나가는 개조 과정을 통해 뼈는 형태와 강도를 오래 유지할 수 있다. 만약 골다공증 환자에서 파골세포의 작용을 억제해 골(뼈) 흡수를 줄이면 치료 효과를 기대할 수 있을 것이다. 그렇게 개발된 약이 비스포스포네이트Bisphosphonates 계열의 골다공증 치료제였다.

탄소와 두 개의 인이 결합된 이 화학물질은 체내에 투여되면 뼈에 강하게 달라붙는다. 파골세포가 골을 흡수할 때 이 물질이 뼈에서 분리되어 파골세포 안으로 들어가 세포의 자살을 유도하고, 결과적으로 골 흡수는 중지된다. 비스포스포네이트는 골다공증 환자의 골절을 예방하는 데 큰 효과가 있다. 1990년대부터 골다공증뿐만 아니라 악성종양의 골전이, 골대사 질환의 치료에 중요한 치료제로 자리 잡았다. 하지만 2003년 미국의 구강악안면외과 의사 막스Robert Marx가 비스포스포네이트를 복용한 환자의 턱뼈 괴사증을 처음으로 보고하면서 100년 전 잔혹 동화가 다시 기지개를 펴기 시작했다.

비스포스포네이트로 인한 뼈의 괴사는 턱뼈에만 나타난다. 약물로 인해 파골세포의 골 흡수가 중단되면 뼈의 밀도는 증가하겠지만 리모델링을 위한 골대사의 균형도 영향을 받을 수밖에 없다. 턱뼈는 다

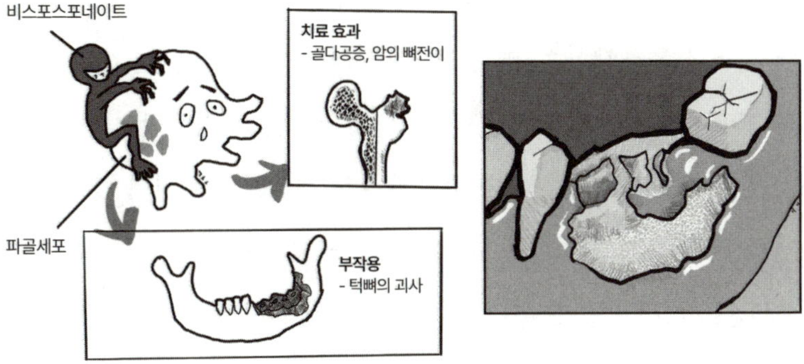

약물성 턱뼈 괴사증의 발생과 진행

른 뼈에 비해 리모델링의 주기가 빠르다. 그리고 잇몸에 덮여 있기는 하지만 치아가 박혀 있어 음식과 각종 세균에 항상 노출되는 가혹한 환경에 놓여 있다. 따라서 우리 몸의 다른 뼈들보다 염증에 취약하고 뼈의 대사 균형의 변화에 민감할 수밖에 없다.

백린은 장시간 흡입하면 기도와 폐에서 이산화탄소와 만나 두 개의 인을 연결하던 산소를 탄소로 바꾸고 좀 더 단단한 구조가 된다. 이후 세포 대사의 산물인 질소와 결합하면 비스포스포네이트로 변신한다. 100년 전 성냥공장 소녀들은 골다공증이 없는 건강한 뼈를 가졌음에도 불구하고 장기간 비스포스포네이트를 투여받은 셈이다. 21세기, 성냥공장은 사라졌지만 인악은 진료실에서 골다공증 환자의 턱을 빌려 부활했다.

앞에서 이야기한 잔혹 동화에 등장한 35세 인악 환자의 수술은 기본적으로 오늘날 약물성 턱뼈 괴사 환자의 수술과 큰 차이가 없다. 썩어서 피가 통하지 않는 뼈는 그때와 마찬가지로 절단기구 없이 쉽게 분리되는 경우가 많다. 다만 지금은 잘 훈련된 구강악안면외과 의사가 있고 전신마취, 항생제와 안전한 기도 관리가 준비되어 있다. 과거처럼 수술 후 기도 폐쇄로 사망하는 경우는 매우 드물다. 하지만 그때보다 더 잘 대처할 수 있다고 해도 비극의 빈도가 줄어들었을 뿐 잔혹 동화는 계속되고 있다.

이제는 부작용이 적은 대체약을 고민해야 할 때다. 비단 비스포스포네이트만 턱뼈를 녹이는 것이 아니다. 구강암 수술 후 방사선 치료를 받은 환자, 각종 항암제, 특히 혈관 형성을 억제하는 약물 등 감염이 아니라도 턱뼈의 괴사를 일으키는 새로운 원인들이 현대인들 주변을 어슬렁거린다. 과거 인류는 감염과 외상만을 걱정했을 것이다. 항생제, 수술, 마취와 위생이 이 문제를 해결해준 것 같지만, 이것이 도입된 것은 겨우 100년 정도에 불과하고 저개발 국가의 가난한 사람들은 여전히 원시사회의 인류처럼 치명적인 골수염을 두려워하고 있다. 게다가 의학의 발달로 평균 수명이 연장된 만큼 우리는 노화, 암과 약의 부작용, 오염된 환경으로 인한 새로운 도전을 마주하게 되었다.

잔혹 동화는 끝난 듯 끝나지 않은 듯 계속될 것이다. 그래도 어느 영화 속 대사처럼 사람들은 결국 해결책을 찾아갈 것이다.

죽은 자의 불타지 않는 지문
법의학과 얼굴뼈

"호랑이는 죽어서 가죽을,
사람은 죽어서 이름, 그리고 뼈를 남긴다."

2011년 개봉한 「더 씽The Thing」이라는 영화가 있다. 대한민국에서는 5만 명 정도 봤다고 하니 흥행에 성공한 것은 아니지만, 개인적으로 영화를 보는 내내 긴장감을 놓지 못하고 감상했던 기억이 난다. 영화의 줄거리는 간단하다. 고립된 남극 기지에서 일하는 사람들이 우연히 외계 생명체 '그것The Thing'을 발견하게 되고 생존을 위해 그것과 사투를 벌인다는 이야기다. 외계 생명체 '그것'은 인간을 살해한 후 희생자를 세포 수준까지 복제하고, 다시 사람들 사이에 섞여 자기가 죽인 인간의 행세를 한다.

이 영화가 다른 공상과학 영화보다 색다른 공포와 긴장을 주는 이

유는 바로 '그것'의 복제 능력 때문이다. 사람들은 누가 '그것'이고 누가 인간인지 확신할 수 없는 상황에서 서로를 의심하고 죽이면서 파멸해간다. 물론 등장인물들이 '그것'과 인간을 감별하기 위해 혈청 검사를 시도하지만 인간들 속에 숨어든 영리한 '그것'은 검사시설마저 파괴해버린다. 그래도 주인공은 절망적인 상황에서 기지를 발휘한다. 사람들의 입 속을 들여다보고 금니와 같은 치과 치료의 흔적이 있는지 확인한 것이다. '그것'은 세포와 같은 유기물은 완벽하게 복제할 수 있었지만, 금속은 복제할 수 없었기 때문에 금새 정체를 들켜버리고 만다(물론, 금니가 없거나 치아 색깔과 비슷한 도자기로 이를 씌운 사람들이 의심을 받아서 억울해하는 장면이 나오기는 한다). 주인공이 나름 법치의학적 방법으로 '그것'을 찾아내는 모습이 흥미로웠다. 영화에서는 법치의학이 인간인지 괴물인지를 구별했지만, 실제 범죄나 사고 현장에서 얼굴뼈와 치아를 이용한 법치의학은 개인의 신원을 밝히는 데 매우 중요한 역할을 한다.

법치의학에 관해 이야기하자면 먼저 법의학을 언급하지 않을 수 없다. 교과서에서 법의학은 '법률상으로 문제가 되는 의학적 사항을 연구하고 감정하여 그것을 해결하는 학문'으로 정의된다. 법의학은 병리학, 혈청학, 독물학, 인류학, 의료사고와 같은 임상의학, 생물학, 법학 등과 복합적으로 얽혀 있다. 법의학을 구성하는 여러 분야 중 얼굴의 해부학적 지식을 응용해 사법체계와 관련된 문제를 해결하는 분야가 법치의학이라고 할 수 있다. 법치의학은 크게 세 가지로 분류된다. 죽은 사람이 발견되었을 때 치아와 얼굴뼈를 이용해 누구인지 밝혀내는 개인 식별, 치아와 주변 조직을 이용해 대상자의 나이를 추정하는 연령 감정, 마지막으로 살인이나 폭력 사건의 피해자 몸에서 발견된 물린 자국(교흔) 등을 근거로 범인을 찾는 교흔 분석이 있다. 특히, 개인 식별은 법치의학에서 가장 큰 비중을 차지하는 중요한 분야다. 법치의학의 역사는 개인 식별에서 출발해 지금까지 발전해왔다고 할 수 있다.

그렇다면 치아를 이용한 개인 식별의 최초 사례는 언제였을까? 고대 로마 시대까지 거슬러 올라가야 할 것 같다. 폭군으로 유명한 네로Nero(37~68)는 로마의 다섯 번째 황제였다. 네로의 모친이었던 아그리피나Agrippina(15~59)는 권력욕이 강하고 잔인한 여자였다. 사실 네로는 차기 황제가 될 가능성이 높지 않았다. 그러나 아그리피나는 아들을 황제로 만들기 위해 수단과 방법을 가리지 않았고, 심지어 삼촌이었던 4대 황제 클라우디우스Claudius(기원전 10~54)와 결혼까지 했다. 당연히 그녀에게는 정치적 라이벌이 많았는데 롤리아 파울리나Lollia Paulina(15~49)도 그중 한 명이었다. 황후가 되면서 권력을 잡은 아그리피나였지만, 세 번째 황제 칼리굴라의 아내이자 유력한 귀족이었던 파울리나는 그녀에게 반드시 제거해야 할 정적이었다. 결국 여러 가지 누명을 씌워 파울리나를 자결하게 만든다. 그래도 안심할 수 없었던 아그리피나는 근위대에게 자살한 그녀의 머리를 잘라오라고 명령했다. 당시 파울리나는 로마에서 멀리 떨어진 곳에 유배되어 있었기에 근위대가 돌아오는 동안 그녀의 머리는 부패가 진행되어 알아보기 힘들 정도로 일그러졌다.

아그리피나는 라이벌의 죽음을 반드시 확인해야 안심할 수 있었다. 그녀는 파울리나가 생전에 치아 하나가 변색되어 있었다는 것을 기억해냈다(충치나 외상으로 치수염이 생겨 치수 조직이 변색되었을 가능성이 크다). 아그리피나는 시신의 입을 직접 손가락으로 벌리고 변색된 치아를 확인하고 나서야 정적의 죽음을 믿었다고 역사가 카시우스 디오Cassius Dio(155~235)는 담담하게 기록하고 있다. 기초적인 수준이지만 이만하면 아그리피나를 개인 식별을 위해 법치의학적인 개념을 처음 적용한 사람으로 역사에 기록해줘도 되지 않을까?

불타지 않는 지문

아그리피나는 권력을 확실히 다지기 위해 개인 식별이 필요했지만 현대 사회에서도 개인 식별은 매우 중요한 문제다. 범죄 사건의 경우 사망자의 신원을 확인하는 것이 수사를 신속하게 진행할 수 있는 단초가 되고, 실종자를 사망자로 확인해줌으로써 법적으로 보험, 상속, 재산 분배 절차를 진행할 수 있게 해준다. 인도주의적 관점에서 유족에게 시신을 인도함으로써 장례를 치르고 남아 있는 사람들이 슬퍼할 권리를 찾아줄 수 있다.

치아와 얼굴뼈가 개인 식별을 위한 유일한 수단은 아니다. 대부분의 경우 일차적으로 발견된 시신의 소지품, 신분증이나 옷가지 등으로 개인 식별 문제가 해결된다. 그런 유류품이 없다고 하더라도 다행히 발견된 시신의 상태가 양호하다면 지문도 훌륭한 자료가 될 수 있다. 지문은 일란성 쌍둥이조차도 일치하지 않는다. 특히 한국은 17세 이상 국민의 지문을 데이터 베이스로 갖고 있어서 더욱 유리하다. 분자생물학의 발전으로 소량의 혈액이나 머리카락만 있어도 DNA를 증폭시켜 유전학적으로 확인할 수도 있다.

그러나 지문과 모발, 혈액, 체액 등은 단백질과 같은 유기물질이다. 시신이 늦게 발견되어 부패가 진행되거나 항공기, 선박, 철도 사고나 대형 화재 사고 등으로 시신이 심하게 타버릴 경우 개인 식별이 불가능하다. 치아와 얼굴뼈는 인체에서 이러한 변화를 가장 잘 견디는 조직이므로 신원 확인에 있어 최후의 수단이 되는 경우가 많다. 강력한 인화성 물질이 없다면 일반 주택의 화재는 700℃를 넘는 경우가 거의 없다고 한다. 2002년 대구 지하철 화재 사건과 같이 1000℃ 이상의 고온이 수 시간 동안 지속되어 인체 조직이 거의 남아 있지 않는 극단적인 경우도 있다. 치아는 1600℃의 고열에서도 미세구조가 거의 변하지 않기 때문에 이러한 사례의 개인 식별에서 매우 중요한 근거 자료로 활용되었다.

현대인들 중에 입안에 치과 재료가 하나도 없는 사람은 아마도 거의 없을 것이다. 금니까지는 아니더라도 하다못해 아말감이라도 하나쯤은 가지고 있지 않은가. 치과 치료의 특성상 사용된 재료의 종류와 완성된 보철물의 모양도 시술한 치과의사에 따라 다양할 수밖에 없다. 임플란트의 경우 국내만 해도 수많은 회사가 다양한 종류의 제품을 생산하고 있다. 대조할 수 있는 치과 기록만 남아 있다면 치아를 이용한 개인 식별은 매우 확실하고 효율적인 방법일 것이다.

드물기는 하지만 희생자가 골절이나 성형수술을 받았을 경우 골절의 형태, 뼈의 절단 방법, 그리고 고정에 사용한 금속이 얼굴뼈에 그대로 남아 있어 개인 식별의 중요한 근거로 사용된다. 우리나라는 전 국민이 의료보험의 혜택을 받는 나라인 데다, 수년 전부터 틀니와 임플란트가 보험 혜택에 포함되면서 보험공단에 국민들의 치과 진료 자료가 꾸준히 축적되고 있다. 이러한 거대한 데이터 베이스는 민간 병원의 진료 기록과 서로 보완적인 역할을 하면서 개인 식별을 위한 죽은 자의 '불타지 않는 지문'이 될 것으로 예상된다.

끔찍한 죽음, 담담한 기록

치과 진료 기록을 이용한 좀 더 구체적이고 공식적인 개인 식별의 사례를 찾는다면 독립전쟁이 한창이던 미국으로 거슬러 올라가야 할 것이다. 1775년 미국 독립전쟁 초기, 보스턴 북부 벙커힐Bunker Hill에서 미국 대륙군과 영국군 사이에 치열한 전투가 벌어진다. 대륙군 소속의 조지프 워런 소장Joseph Warren(1741~1775)은 아군이 퇴각할 시간을 벌기 위해 뒤에 남아서 영국군과 싸우다 머리에 머스킷 총을 맞고 사망한다. 흥분한 영국군은 그의 시체를 알아보기 힘들 정도로 심하게 훼손하고 다른 전사자들과 함께 묻어버렸다. 10개월 후 워런의 가족과 폴 리비어Paul Revere(1735~1818, 조지프 워런의 틀니를 만들어주었다)가 찾아와서 시신을 발굴했다. 리비어가 만들어준 치과 보철물을 근거로 워런의 시신을 찾을 수 있었다.

소규모 개인의 신원 확인에서 확장하여 대형 재난에서 법치의학이 본격적으로 활용된 최초 사례는 1897년 5월 4일 프랑스 파리의 자선 바자회장Bazaar de la Charité에서 발생한 대형 화재였다. 오후 4시 화재 발생 당시 1,200여 명의 사람들이 현장에 있었다. 바자회장은 중세 마을을 본떠서 만들어졌는데 나무, 캔버스 천, 타르와 같은 인화성 재료를 사용했기에 인명 피해가 클 수밖에 없었다. 화재 당일 126명이 사망하고 200여 명이 중상을 입은 대형 사고였다. 희생자들이 심하게 타버렸기 때문에 가족과 친지들이 와서 소지품과 남아 있는 신체 부위로 신원 확인을 했다. 그러나 다음 날 오후까지 30여 구의 시신은 신원이 확인되지 않았다. 다행히도 자선 바자회 참석자들이 귀족이나 부유층 부인들이었기에 당시로서는 고가의 치과 치료를 받은 사람들이 대부분이었다. 담당 치과의사들은 아말감, 금니, 발치한 흔적 등을 치과 기록과 대조하여 30여 명의 신원을 모두 확인하는 데 성공했다.

틀니, 브릿지, 크라운, 임플란트와 같은 치과 보철물은 인간의 지문처럼 형태나 구강 내 위치가 타인과 완전히 일치할 수 없다. 남의 틀니를 급하다고 자신이 빌려서 낄 수 없는 것과 같다. 사람마다 구강의 크기, 턱의 형태, 남아 있는 치아의 개수 등이 다르므로 치과 보철물은 유사시에 지문과 같은 역할을 할 수 있다. 1949년 영국에서 발생한 '황산 목욕 살인마' 사건을 살펴보자. 연쇄 살인마 존 조지 헤이그John George Haigh(1909~1949)는 살인을 하고 나서 흔적을 없애기 위해 시체를 황산으로 녹였다. 마지막 희생자였던 듀랜드 디컨Durand-Deacon 부인도 황산 욕조에 넣어서 녹였는데, 현장에서 디컨 부인의 틀니와 담석이 발견되면서 덜미를 잡혔다. 범인은 틀니를 만드는 데 사용된 아크릴 레진Acrylic resin이 고농도 황산에 녹는 데 상당한 시간이 걸린다는 사실을 몰랐던 것이다.

1995년 6월 29일 오후 5시 57분경, 서울시 서초동에 위치한 삼풍백화점이 무너져내렸다. 502명이 사망하고 30명이 실종된 대형 참사였으며, 한국에서 개인 식별에 법치의학이 본격적으로 응용된 첫 사례였다. 경찰은 3개월 동안의 작업 끝에 신원이 불분명한 109명의 시신 중 79명을 확인하여 유족에게 인도했다. 이후 1999년 화성 씨랜드 화재 사고, 2003년 대구 지하철 화재 사고 등 대량의 사망자가 발생해 신원 확인이 어려운 사고에서 법치의학은 중요한 역할을 하고 있다.

치아와 보철물뿐만 아니라, 턱과 얼굴뼈의 인공적인 변형 또한 개인 식별의 중요한 단서가 되었다. 2006년 발생한 우음도 백골 사건은 광대뼈 성형수술 흔적으로 사망자의 신원을 확인하고 범인까지 검거한 사례다. 당시 화성 우음도에서 발견된 사체는 백골화가 진행되어 신장 163~170센티미터의 20~30대 여성이라는 것밖에 알 수가 없었다. 하지만 광대뼈 양쪽의 균일한 수술 자국이 발견되면서 수사가 급

진전되었다. 광대뼈 수술을 받은 서울과 경기도 일대의 환자들을 전수 조사하고 실종자들을 탐문 수사한 끝에 피해자의 신원을 확인하고 범인도 잡을 수 있었다.

방사선 사진도 치과 치료에 사용되는 빈도가 높아지면서 법치의학적 개인 식별의 한 축을 이루기 시작한다. 1945년 5월 1일 러시아군이 독일 베를린에 입성했을 때 히틀러를 잡으려고 했으나 발견한 것은 히틀러와 그의 부인 에바 브라운의 심하게 타버린 시체였다. 당시 신원 확인에 사용된 중요한 자료 중 하나가 전두동(이마굴frontal sinus, 머리뼈 내부에 있는 코를 중심으로 하는 빈 공간 중 이마에 위치하는 부위)을 찍은 히틀러의 생전 방사선 사진이었다. 전두동은 치과 보철물만큼 개인마다 차이가 나타나기 때문에 히틀러 부부의 신원을 확인하는 근거 자료 중 하나로 사용되었다.

생전의 사진과 방사선 사진을 중첩시켜서 신원을 확인하는 방법을 사진 중첩법(슈퍼 임포지션superimposition)이라고 한다. 해외에서는 1935년 영국에서 토막살인 사건의 희생자를 찾는 데 이 방법이 사용되었다. 한국에서는 1985년 제주도에서 발생한 사체 유기 사건에서 처음으로 이 방법을 사용하여 희생자를 특정하고 범인도 잡을 수 있었다. 치아 기록만으로 개인 식별이 불가능할 때는 슈퍼 임포지션이 해결책이 되기도 하지만 사진조차 사용할 수 없는 경우 발견된 얼굴뼈에 가상의 근육과 피부 조직을 입혀서 희생자를 확인하는 안면 복원facial reconstruction 방법을 사용한다.

과거에는 얼굴뼈에 미술용 찰흙을 붙여가면서 복원 작업을 했지만 최근 3D 영상 기술과 소프트웨어의 발전 덕분에 컴퓨터상에서 직접 얼굴을 복원해서 실종자를 찾거나 각종 범죄사건을 해결하고 있다. 법치의학은 고대 로마 시기 변색 치아를 단서로 개인을 식별하던 수준에서 나아가 현재는 삼차원 영상기술과 결합해 정확성과 활용도를 높여가고 있다. 앞으로도 불타지 않는 지문은 잃어버린 사람들을 찾아주는 단서가 될 것이다.

법치의학적 개인 식별

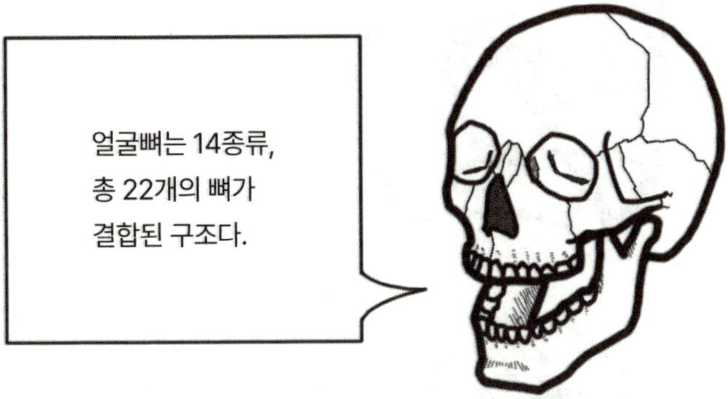

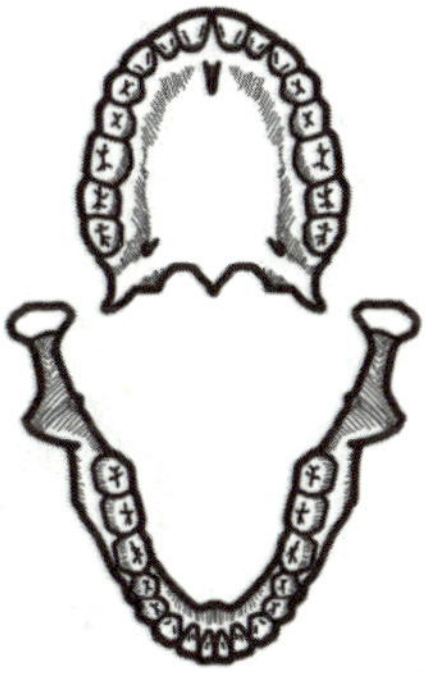

법치의학에서 개인을 식별하는 데 가장 중요한 치아는 위턱 16개, 아래턱 16개 총 32개가 있다(성인 기준, 사랑니 포함).

시신이 심하게 훼손되어 신원 확인이 어려운 경우 치과 기록은 중요한 단서가 된다.

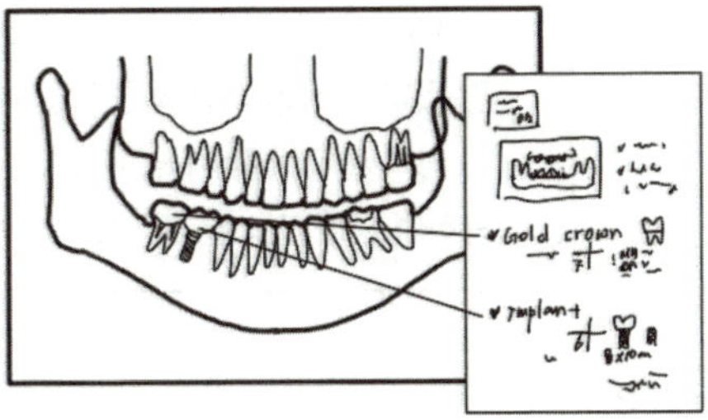

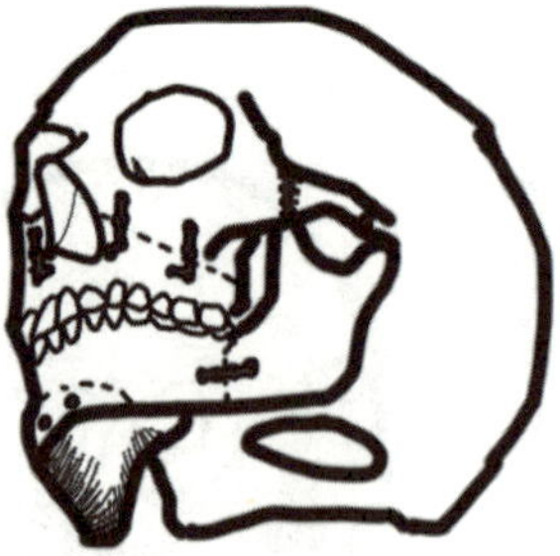

치아를 이용한 개인 식별이 불가능할 경우 광대뼈, 양악수술 등 얼굴뼈 수술 흔적이 발견된다면 신원 확인에 중요한 단서가 될 수 있다. (예: 우음도 백골 사건)

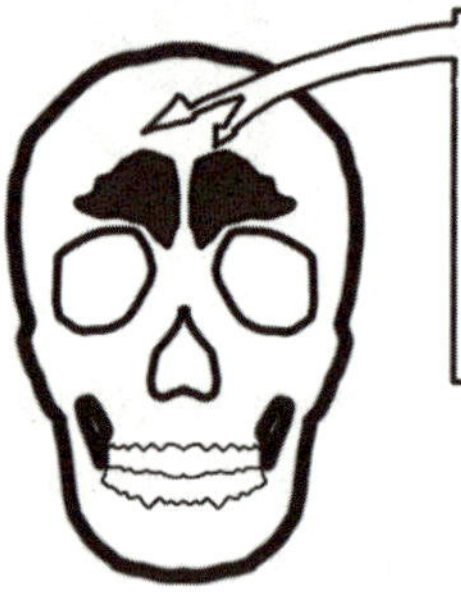

얼굴뼈 속 공기로 채워진 빈 공간을 부비동Paranasal Sinus이라고 한다. 이 중 이마뼈Frontal bone 속에 존재하는 부비동을 전두동Frontal Simus이라고 한다.

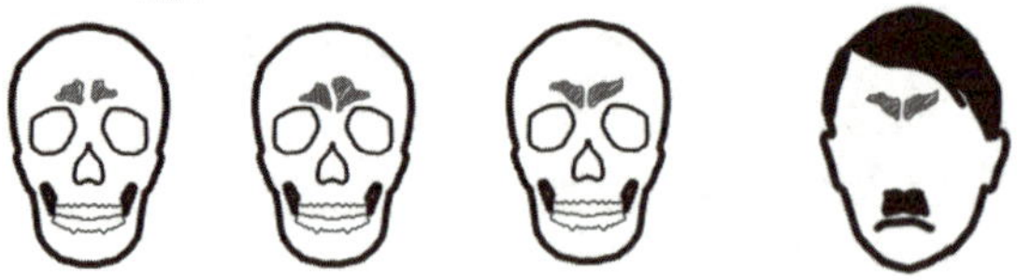

부비동은 지문처럼 사람마다 다르므로 생전 엑스레이 사진만 있다면 개인 식별의 중요한 자료가 된다. 제2차 세계대전 당시 불타버린 시신들 속에서 전두동 방사선 사진을 활용하여 히틀러의 유해를 찾을 수 있었다.

슈퍼 임포지션
대상자의 생전 사진을 얼굴뼈 사진과 중첩시켜서 신원을 확인하는 방법. 참고할 수 있는 의료 기록이 없을 때 도움이 된다.

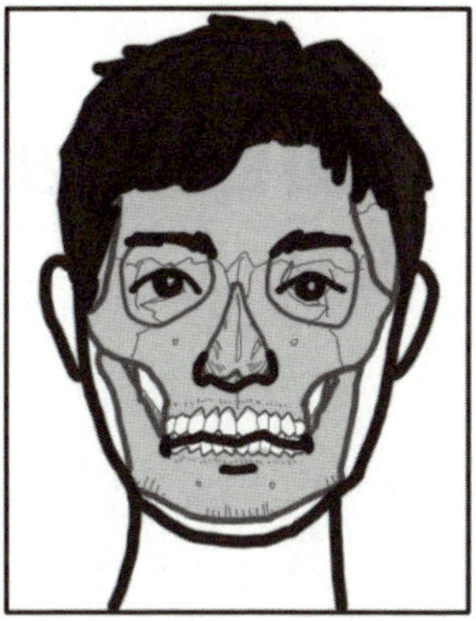

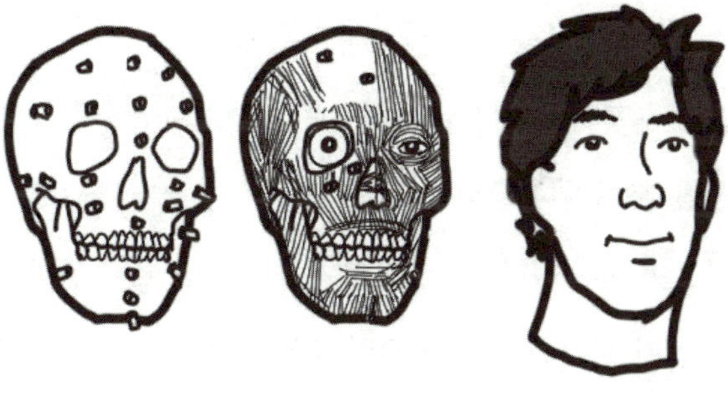

안면 복원facial reconstruction
슈퍼 임포지션이 불가능할 때 얼굴뼈에 직접 가상의 근육과 피부를 입혀서 희생자의 얼굴을 복원하는 방법. 과거에는 미술용 찰흙으로 직접 얼굴뼈에 붙여가면서 복원했지만, 최근 3D 이미지 기술의 발달로 컴퓨터상에서 작업이 가능해졌다.

칼과 인간, 그리고 무인도의 스케이트 날

도구

"사람 잡는 칼에서 사람 살리는 칼로"

칼은 인간이 도구라는 것을 사용할 때부터 존재해왔다. 인류는 석기 시대에 돌을 쪼개거나 갈아서 날을 세운 다음 무엇인가를 절단하는 도구를 만들어 사용했다. 사냥한 고기를 맨손으로 손질할 수는 없었다. 그것이 돌이 되었건 나무가 되었건 칼은 인간의 생존을 위한 필수 도구였다. 짐승의 고기만 자르는 데 썼으면 다행이지만, 이제 인간은 칼을 다른 인간을 자르는 데 사용하기 시작한다. 칼이 무기가 된 것이다. 성서에는 인류 최초의 살인 사건 '카인과 아벨 이야기'가 나온다. 성서에 따르면 카인은 아벨을 때려 죽였다고 한다. 하지만 때리는 것보다 찌르거나 베는 것이 사람을 죽이는 데 더 효율적이다. 칼을 손에 쥔 인간이 그 사실을 깨닫는 데는 오랜 시간이 걸리지 않았다.

성서에 나오는 인류 최초의 살인 도구는 둔기였지만, 이후 기록되는 수많은 살인의 주된 도구는 바로 칼이었다.

그러나 인간이 칼을 늘 음울하고 무서운 용도로만 사용한 것은 아니다. 살리기 위한 목적으로 사람의 살을 칼로 가르기도 했다. 그것이 바로 수술칼의 시작이었다. 이미 1만 년 전에 인간은 의료 목적으로 칼을 사용했다. 부싯돌로 만든 칼은 두개골에 구멍을 뚫는 용도로 사용했다. 두통과 정신 질환이 머리 속의 악령 때문이라고 믿었던 석기시대 사람들은 머리에 뚫린 구멍을 통해 악령이 빠져나갈 것이라고 믿었다. 치료보다는 주술적 시도에 가까웠지만 살인이 아닌 다른 목적으로 사람에게 칼을 사용한 것은 분명한 사실이다.

금속으로 된 수술칼은 히포크라테스가 처음 기록으로 남겼다. 무기용으로 만든 칼은 날을 무겁고 길게 만들어 먼 거리에서도 상대방에게 강력한 치명타를 날릴 수 있었다. 반면 수술칼은 무기용 칼에 비해 날이 많이 짧으며, 칼자루가 상대적으로 크고 무겁다. 수술 부위만 깔끔하게 절단해야 하고 다른 부위에는 상처를 남기지 말아야 하기 때문이다. 정교한 동작이 날에만 집중될 수 있도록, 무게 중심이 칼자루에 실리도

1991년 유럽에서 발굴된 선사 시대 돌칼. 이 칼은 제사, 사혈, 고름 절개, 할례 의식 등에 사용되었다.

록 설계되었다.

칼의 성격은 서로 다르지만, 수술칼의 발전은 살상용 칼과 같은 궤적 위를 달렸다. 로마는 인류 역사상 손꼽히는 군사 강국답게 금속 가공 기술이 그 시절 최고 수준이었다. 로마의 칼 제조 기술자들에게는 당시 외과의사들 역시 중요한 고객이었다. 디자인과 크기만 바꾸면 가공할 무기는 바로 수술칼이 되었다. 수술칼을 의미하는 영어 단어 스칼펠scalpel은 고대 로마어 '스칼펠루스scalpellus'에서 유래했다. 칼 만드는 기술은 로마 제국의 판도를 따라 전 유럽으로 퍼져나갔다.

하지만 18세기 전까지 유럽에서 전문적인 수술용 칼을 생산했다는 기록을 찾기는 쉽지 않다. 유럽의 칼 제조 업계에서 수술용 칼은 중요한 비즈니스가 아니었다. 중세 수술칼의 제조 기술 주도권은 다

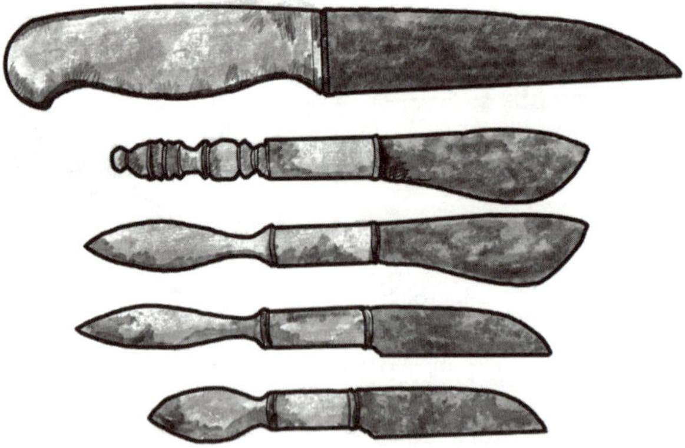

로마 외과의사들이 사용한 수술칼 스칼펠루스. 현대 수술칼 스칼펠의 원조가 되었다.

른 의학 분야의 기술들이 그렇듯 이슬람 문화권으로 넘어갔다. 이슬람 외과의사들은 한걸음 더 나아가 날을 접어 넣을 수 있는 수술칼을 고안했다. 유럽은 르네상스 시대에 이르러서 수술칼 제조의 주도권을 되찾아왔다. 용도에 따라 날의 디자인을 다양하게 변형하고, 열소독을 위해 기존의 나무 손잡이에서 금속 손잡이로 교체했다.

1800년대 후반부터 화약 무기를 사용하면서 전쟁의 규모가 확대되었다. 야전 병원이 늘어남에 따라 대규모 수술 장비의 수요도 함께 늘어났다. 의사들은 금속으로 가공한 수술칼, 수술 부위를 잡는 겸자, 조직을 당기는 견인기 등을 고안했고, 이러한 아이디어는 바로 생산으로 연결되었다.

대량 생산과 함께 요구되는 것은 품질이었다. 더 예리하고 작고 가벼우면서 녹슬지 않아야 했다. 처음에는 사용한 칼을 세척, 소독한 후에 다시 쓰는 것이 당연했기에 내구성에 신경을 썼다. 하지만 시간이 지남에 따라 외과의사들은 칼을 사용하다가 날이 무뎌지면 갈아서 쓰는 것보다는 새 날을 사용하는 것이 더 효율적이라는 사실을 알게 되었다. 손잡이와 날을 분리해서 설계하고, 쉽게 끼우고 빼는 것이 가능한 칼의 디자인을 고민했다.

이러한 특성을 고려했을 때 수술칼보다 먼저 떠오르는 칼이 있다. 바로 면도칼이다. 사실 1900년대 초반 면도칼 회사들 중에 수술칼을 개발한 회사들이 있었다. 이는 자연스러운 일이었다. 오늘날 가장 많이 팔리는 안전 면도날 생산 기업인 질레트도 당시에 수술칼을 생산

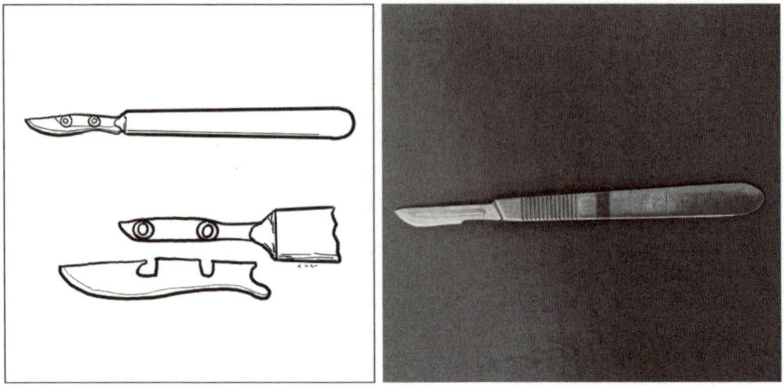

탈부착이 가능한 디자인으로 특허를 받은 모건 파커의 수술칼과 현대의 수술칼

했다. 작고 예리한 수술칼의 대량 생산은 그 나라의 금속가공 기술과 의료 기술이 뒷받침되지 않았다면 불가능했을 것이다.

1915년 22세의 엔지니어 모건 파커Morgan Parker는 손잡이에 수술칼을 손쉽게 탈부착할 수 있는 디자인으로 특허를 받는다. 날을 대량 생산할 수 있고 분해와 결합이 쉽다 보니 수술 중에 필요에 따라 얼마든지 교체할 수 있었다. 수술의 편리성을 가져다준 엄청난 혁신이었다. 그는 1936년 디자인을 개량하여 더 쉽게 끼웠다 뺄 수 있게 만들었다. 특수 코팅, 부식 저항 등 금속날의 가공 기술이 발전한 것 외에는, 지금까지 이 디자인을 기본으로 100년 가까이 전 세계 수술실에서 큰 변화 없이 사용하고 있다.

에너지와 무기, 수술칼

화약 무기가 개발되기 전까지 전쟁터의 주인공은 칼이었다. 사람들이 맞붙어 싸워야 하는 고대부터 중세의 전쟁까지 잘 만든 칼은 군사적인 우위를 의미했다. 좋은 칼을 가진 군대는 현대의 좋은 소총과 전차를 가진 군대와 같았다. 로마군의 상징 자체가 된 글라디우스Gladius 같은 무기가 좋은 예다. 우수한 강철 제련 기술과 집단 전술을 이용한 효율적인 운용으로 강력한 로마 군사력의 한 축이 되었다. 칼은 화약을 사용하지 않는 차가운 무기, 즉 냉병기冷兵器 시대의 대표 주자였다.

그러나 화약의 무기화가 진행되면서 냉병기의 시대는 저물기 시작했다. 총과 대포, 미사일이 칼의 자리를 대신했다. 중세의 기사도, 일본의 사무라이도 총과 대포 앞에서는 무력했다. 지금도 현대 군인들의 무장에 칼이 포함되지만, 칼의 중요성은 예전과 같지 않다. 수술칼 역시 1930년대 디자인이 여전히 사용될 정도로 기본 디자인은 100년 전에 완성되었으며 큰 변화가 없다. 하지만 화약의 폭발 에너지로 작동

로마군의 상징이 된 글라디우스. 병사들의 개인 무기였으며, 역사상 가장 유명한 칼이다. 당시 로마 제국 금속 가공 기술의 결정체였다.

하는 무기에 칼이 자리를 내준 것처럼, 수술칼도 전기 에너지를 이용한 절개도구에 조금씩 자기의 영역을 내주고 있다. 살상용 칼은 베고 나서 상대편이 피를 많이 흘리도록 고안되었다면, 수술칼은 필요한 절개만 하되 출혈을 최소화하기 위해 날을 작고 예리하게 만들어야 한다. 전기 에너지를 이용한 수술칼은 이 필요성을 극대화하는 방향으로 발전했다.

만약 수술칼이 열 에너지를 가지고 있다면 절개와 동시에 지혈도 가능할 것이다. 열로 지혈하는 아이디어는 새로운 것이 아니었다. 고대인들도 뜨겁게 달군 돌로 상처 부위를 지져서 더 이상의 출혈을 막았다. 그들도 이미 열에 의한 지혈 방법을 알고 있었다. 전기 에너지가 적용되기 전까지 전쟁터에서 상처 부위를 뜨거운 인두로 지져서 지혈하는 것은 야전병원의 오래된 치료법 중 하나였다. 하지만 열 에너지를 수술에 제대로 사용하려면 에너지의 흐름을 원하는 만큼 조절할 수 있어야 하며, 선택된 부위에 정교하게 투사할 수 있어야 했다.

19세기 말 불면증 환자에게 전기 자극 치료를 하던 중 스파크가 일어나면서 피부에 화상을 입고 상처가 응고되는 것이 우연히 관찰되었다. 이런 전류의 절단력과 응고 능력은 당시 수술칼로 엄두도 내지 못하는 위험한 수술 부위, 예를 들면 혈관이 많이 분포하는 구강 내 깊숙한 부위를 비롯한 신체 각 부위의 종양 제거 수술을 가능하게 했다. 사람들은 신체의 특정 부위를 절단과 동시에 효율적으로 지혈할 수 있는 적절한 전압과 전류, 주파수를 찾아가며 기구를 개량해갔다.

이후 현대적인 전기 수술칼(전기 메스)이 1920년대에 드디어 등장한다. 완벽한 수술칼 디자인을 내놓은 시기와 비슷하게 겹친다.

전기 메스의 발전은 윌리엄 보비William T. Bovie(1882~1958)를 빼놓고 이야기할 수 없다. 오늘날 수술방에서 수많은 외과의사가 수술할 때마다 그 사람의 이름을 부른다. 전기 소작기電氣燒灼器, 즉 전기 메스의 대명사가 보비Bovie기 때문이다. 현대 수술실에서 개발한 사람의 이름을 붙인 이 기구 없이 수술하는 것은 상상하기 어렵다. 수많은 외과

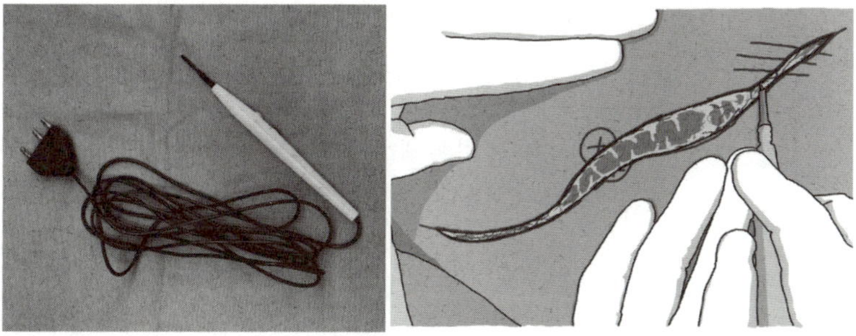

전기 수술칼(전기 메스)의 대명사 보비와 피부의 절개

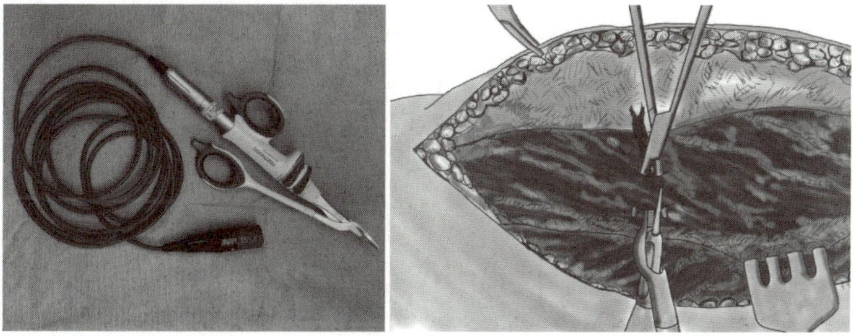

초음파 수술칼, 하모닉 스칼펠과 근육의 절개

의사가 수술방에서 절개를 시작할 때 '보비'라고 말하면 간호사가 이 기구를 건네주면서 수술이 시작된다.

현대에 이르러서는 보비에 다양한 전류와 전압을 조합할 수 있도록 회로를 정교하게 만들어 절단, 지혈 등 목적에 따라 더 세분화해서 사용할 수 있도록 개발되었다. 최근에 로봇수술처럼 미세한 조작을 요구하는 수술이 많아지면서 전기 소작뿐만 아니라 초음파와 레이저 등을 응용하는 기술도 개발되고 있다. 최소한의 절개와 조작만으로 수술하고 치료 목적을 달성하도록 외과의사들의 무기가 개량되고 있는 것이다. 무기에 있어서는 칼이 화약에게 이미 주도권을 넘겨주었다. 전기 에너지가 수천 년 된 수술칼을 완전히 대체할지 아직은 알 수 없다. 기술의 발전을 흥미롭게 지켜볼 일이다.

무인도의 스케이트 날

2000년 톰 행크스가 주연한 영화 「캐스트 어웨이Cast away」가 개봉했다. 페덱스 직원이었던 주인공이 회사 화물기를 타고 가다 무인도에 추락해서 혼자 살아남는다. 4년 동안 원시적인 환경에서 홀로 버티다, 극적으로 구조되어 문명사회로 돌아온다는 이야기가 영화의 줄거리다. 톰 행크스는 추락한 비행기에서 긁어모은 물자와 주변 환경에서 입을 것, 먹을 것, 잘 곳까지 해결하지만, 원시 환경에서 그를 가장 괴롭힌 것은 사고가 나기 전까지 차일피일 치료를 미루던 충치였다.

결국, 충치에서 발생한 염증은 치아 뿌리를 넘어 턱뼈까지 퍼졌다. 고통을 견디다 못한 주인공이 화물기 잔해에서 발견한 스케이트 날을 이용해서 자신의 치아를 스스로 발치한다. 스케이트 날로 치아를 튕겨내고 고통스럽게 피를 흘리며 쓰러지는 장면은 발치가 하나의 업인 나의 입장에서는 정말 극적일 수밖에 없었다. 지금은 깨끗한 진료 공간에서 치과 전문의가 잘 디자인된 기구로 충분한 소독과 마취 후에 발치하고 항생제까지 처방하기 때문에 안전한 술식이지만(심지어 한국의 경우 건강보험 덕에 매우 저렴하기까지 하다), 톰 행크스와 같이 극한의 환경에서 셀프 발치를 하는 것은 목숨을 걸어야 하는 행위일 수도 있기 때문이다.

영화 「캐스트 어웨이」에서 톰 행크스가 스케이트 날을 이용해 발치하는 모습

발치는 치주 질환과 충치, 드물게 종양 때문에 치아를 제거해야 할 때 행하는 치료 행위다. 치아가 박혀 있는 턱뼈와 주변을 둘러싼 인대, 혈관과 같은 결합조직에서 치아를 강제로 분리하고 치아를 몸 밖으로 이탈시키는 작업이다. 오랫동안 치주 질환이 있었던 치아라면 주변의 조직이 녹아버려 쉽게 빠질 수 있지만, 전신 질환이 있거나 사랑니처럼 뼈 속에 깊게 매복된 치아를 발치할 때는 심한 출혈이나

드물지만 골절이 발생할 수도 있고, 주변 환경이나 건강 상태에 따라 심각한 감염에 노출될 수 있다. 톰 행크스도 잘못하면 스케이트 날을 돌로 치다가 턱뼈가 부러졌을 수 있다. 무인도에서 제대로 먹지 못하고 비위생적인 환경에 계속 노출되다가 급성 감염이나 골수염 등으로 고통 속에 죽었을지도 모를 일이다. 영화에서 무인도를 무사히 탈출한 것도 행운이지만, 그런 식으로 발치하고서 멀쩡했던 것도 그에 못지않은 행운이었다.

과거에는 안타깝게도 무인도의 톰 행크스만큼 운이 좋은 사람들이 많지 않았다. 지금은 발치 후 감염으로 사망하는 경우가 매우 드물지만 해부학이나 감염에 대한 지식이 부족하고, 항생제가 개발되기 이전 시대에는 발치로 인해 사망하는 사람들도 있었다. 한편, 마취제가 없던 그 시절 치아를 뽑는 것은 당사자에게는 끔찍한 공포였다. 결국 의사가 할 수 있는 것이라고는 주변의 치아, 턱뼈, 잇몸 등에 대한 손상은 최소로 하면서 최대한 짧은 시간에 발치하여 고통을 최소화하는 것이었다.

따라서 주변 조직의 손상과 환자의 고통을 최소화하는 적절한 발치 기구에 대한 고민이 시작되었다. 현대 진료실과 수술장에 준비된 발치 기구들은 치아의 크기와 종류에 따라 선택해서 사용하도록 튼튼하고 세련되게 고안되어 있다. 그래도 기본적인 작동 원리는 수천 년 전 원시적인 형태의 것들과 큰 차이가 없다. 도구는 겸자Forcep(포셉)와 기자Elevator(엘리베이터) 두 가지 형태로 발전했다. 겸자는 전형적인 이미지의 펜치, 즉 집게다. 치아의 머리(치관)를 잡고 흔들어 주변에 치아를 잡고 있는 혈관, 인대, 신경 조직들이 떨어져 나가게 한 다음 잡아서 빼는 기구다.

기자는 겸자보다 좀 더 전략적인 도구다. 생긴 모양은 겸자보다 훨씬 단순하지만, 다양한 동작을 적용해서 치아를 발치하므로 경우에 따라 겸자보다 오히려 안전하고 쉽게 발치할 수 있다. 치아를 잡고 있는 뼈들은 어느 정도 탄성이 있어서 치아와 뼈 사이에 기자를 쐐기처럼 밀어 넣어 튕겨내듯 치아를 뽑거나, 치아에 기자의 날을 대고 밀거나 들어올리는 지렛대 조작으로 치아를 턱뼈에서 이탈시킬 수도 있다. 손잡이에 살짝 힘을 주기만 해도 지렛대의 원리에 따라 그 힘이 가느다란 날 끝에 집중되어 치아를 뽑아 올리는 강력한 힘으로 작용한다. 톰 행크스는 작은 스케이트 날을 치아에 붙이고 큰 돌로 스케이

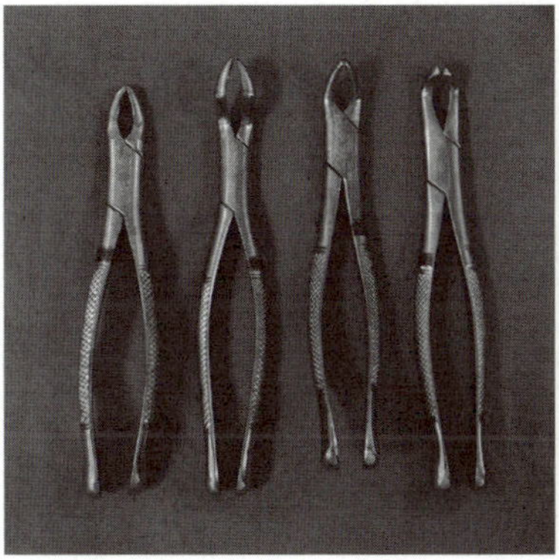

발치 겸자

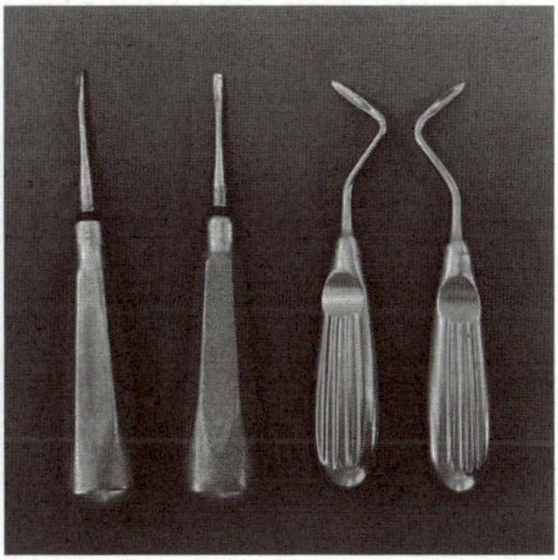

발치 기자

트 전체를 쳐서 치아를 뺐으니 기자로 발치를 한 셈이다.

발치 겸자는 이미 고대 그리스, 로마의 기록이나 유물에서 등장하기 시작했다. 지금의 것과 비교해보면 자연 치아의 굴곡이나 구강 내 위치에 대한 고려가 전혀 없는 투박한 집게 형태다. 당시 기록을 보면 겸자는 단순히 치아 발치에만 사용된 것이 아니고, 수술 중 몸의 뼛조각이나 전쟁터에서 박힌 화살촉 등을 제거하는 다용도 기구였다. 히포크라테스와 갈렌도 치아 질환과 치통을 해결하기 위한 가장 기본적인 치료법은 겸자를 이용한 발치라고 설명했다.

하지만 고대의 의사들은 치아를 우선적으로 발치하기보다는 뜨거운 열로 소작하거나 오랫동안 약물을 적용하여 통증을 조절하고 시간이 지나 심하게 흔들리기를 기다려 손가락으로 쉽게 발치하는 방법을 권했다. 발치를 하고 나서 죽는 환자들을 보면서 지금 자신들이 사용하는 투박한 발치 겸자가 충분히 안전한 도구는 아니라는 것을 그들도 어렴풋이 알고 있었을 것이다.

발치 기자는 이슬람 외과학의 아버지라 불리는 알부카시스Albucasis(936~1013)의 스케치에 처음 등장한다. 발치 기자의 본격적인 사용 기록은 16세기부터 찾아볼 수 있다. 아직 효과적인 진통제와 마취가 개발되기 전이어서, 발치 기구의 디자인에서 가장 중요한 것은 최소한의 통증으로 빠르게 발치하는 것이었다. 발치 기자는 기본적으로 손잡이는 크고 단단하게 설계하고, 치아에 힘을 가하는 날은 작고 정교하게 만들었다.

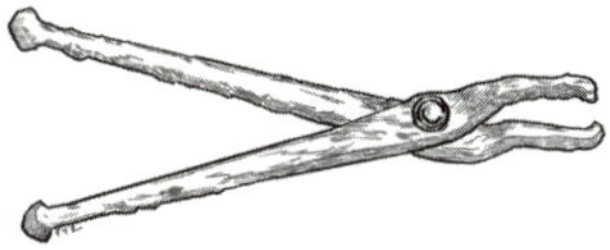

로마 시대 겸자는 치아 발치뿐만 아니라 전쟁터에서의 부상으로 인한 화살촉 제거, 상처 부위 뼛조각 제거에도 사용했다. 특별히 치아 형태에 맞게 고안된 것은 아니었다.

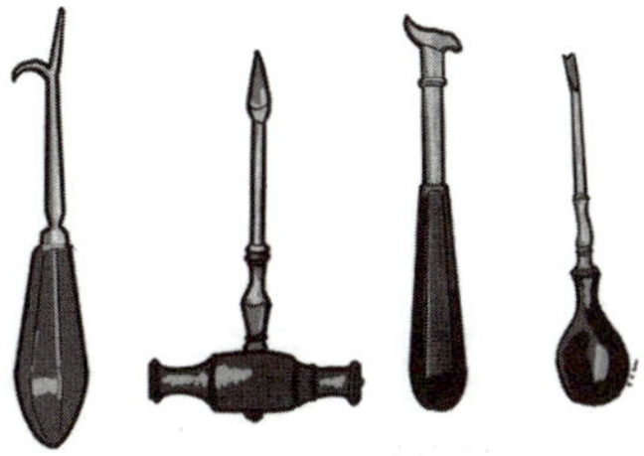

1900년대 초에 개발된 발치 기자는 적용할 치아와 동작에 따라 세분화되었다.

1900년대 초부터 손잡이에서 날까지 일체형으로 된 금속기구가 표준이 되었다. 당시의 구강외과 의사들은 해부학적 형태와 용도에 따라 기구 끝을 직선 혹은 곡면으로 설계하는 등 다양한 아이디어를 내놓았고, 기구에 자기의 이름을 붙였다. 한편, 항생제, 마취제, 조명이 치료실에 도입되는 등 도구의 발달과 맞물려 발치는 이전에 비해 훨씬 덜 고통스러우면서 안전한 수술이 되었다.

수 세기에 걸쳐 누적된 경험과 지식으로 기구가 발전하는 것도 경이롭지만, 무인도에 고립된 톰 행크스가 스케이트 날로 셀프 발치를 하고 무사한 것도 기적이다.

인간다움을 돌려받기 위한 몸부림
재건

얼굴은 인간의 명함이다. 우리는 얼굴을 통해 자신과 타인을 알아보고 인정한다. 상대방의 팔, 다리나 특정 부위의 문신을 보고 알아볼 수도 있지 않느냐고 반문할 수도 있다. 하지만 그것은 식별이지 인식이라고 하기는 어렵다. 결국 얼굴은 인간 정체성의 본질이라고 할 수 있다. 그렇다면 얼굴의 일부분을 상실하는 것은 어떤 의미일까? 기능적인 측면에서 팔이나 다리를 잃는 것이 더 큰 영향을 미칠 수 있지만, 정신적·사회적 측면에서 당사자의 남은 인생에 미치는 부정적인 영향은 몸의 다른 부위와 비교할 수 없을 정도로 클 것이다.

보철補綴, prosthesis이라는 의학용어가 있다. 치과학에서 가장 많이 다루다 보니 치과 용어로 알고 있는 사람도 많지만, 치아뿐만 아니라 팔, 다리, 눈 등 몸의 일부분이 없어졌을 때 대체하여 사용하는 인공물을 의미하는 단어다. 틀니, 임플란트는 물론이고 의족, 의수, 의안 모두 보철물이다. 인간이 도롱뇽처럼 잘려 나간 부위가 다시 재생된다면 좋겠지만 평범한 우리는 울버린도, 데드풀도 아니고 구룡포는 더더욱 아니다. 상실된 부위를 대체할 적절한 보철이 필요하다.

인간이 언제부터 무엇으로 보철을 했는지는 자세히 알려져 있지 않다. 태곳적에도 불행한 사고를 당한 사람은 분명히 있었을 것이다. 동물의 가죽, 나무 등을 사용했을 것이라고 추측만 할 수 있을 뿐이다. 기록이나 흔적으로 남아 있는 가장 오래된 시기에도 보철물이 발견되는 걸 보면 상실된 부위를 어떻게든 해결하려고 하는 것은 인간의 본능이었을 것이다. 4500년 전 이집트 미라에서도 사람이 만들어 넣은 눈, 코, 귀 등이 발견되곤 한다. 다만 이것이 꼭 보철물이라고 주장할 수는 없다. 이집트인들은 죽을 때 멀쩡한 신체를 가지고 있어야 사후세계에서 더 좋은 곳에 간다고 믿었기 때문에 죽은 자에게 만들어 끼워주었을 가능성도 있다.

옛날부터 사람들은 보철물을 만들 때 세 가지를 중요하게 고민했다. 첫째, 일단 감쪽같아야 했다(다치기 전과 비슷한 모습). 고대 인류에게는 사용할 수 있는 재료나 기술이 제한적이었다. 따라서 완벽한 보철은 애초에 실현할 수 없는 이상적인 목표였을 것이다. 하지만 재료의 눈부신 발전으로 지금은 반드시 도달해야 할 필수 목표가 되었다. 둘째, 신체 조직에 거부반응이 없어야 했다(생체 친화). 보철물이 붙어 있는 피부와 점막이 민감하게 반응하면 오래 사용할 수 없다. 염증은 보철의 적이었다. 셋째, 유지력(고정), 즉 몸에 잘 붙어 있어야 했다. 끈으로 묶든, 접착제로 붙이든, 혹은 몸에 박아 넣든 간에 유지력은 필수였다. 이는 오늘날 보철물의 조건에도 적용된다. 보철은 인류가 처음으로 시작했으며 지금도 사용하는 가장 오래된 재건술이다.

고통이 빚어낸 기적: 형벌, 질병, 전쟁이 만든 재건술

역사 기록에 등장하는 가장 오래된 재건술은 형벌에서 비롯되었다. 가장 오래된 성문법 함무라비 법전을 살펴보자. “남의 눈을 멀게 한 자는 눈을 멀게 하고 남의 이를 부러뜨린 자는 그의 이를 부러뜨려라”고 명시되어 있다. 대부분의 사람들은 피해자가 당한 만큼 가해자에게 되돌려주라는 함무라비 법전의 ‘동해보복同害報復, lex talionis’ 원칙에 주목한다. 하지만 잘 들여다보면 현대 문명국가에는 남아 있지 않은, 신체의 일부를 돌이킬 수 없이 손상시키는 형벌을 고대 국가는 법전에 당당하게 명시하고 있다.

신체 손상과 관련해서 고대 중국의 다섯 가지 형벌五刑을 살펴보자. 얼굴에 문신을 새기는 묵형墨刑, 코를 도려내는 의형劓刑, 발뒤꿈치를 잘라내는 월형刖刑, 생식기를 잘라내는 궁형宮刑, 그리고 지금도 존재하는 사형死刑이 있다. 사형을 제외하면 나머지 형벌들은 몸에서 무엇인가를 떼어내거나 새겨넣어서 돌이킬 수 없는 변화를 사람에게 남겼다. 생식기를 잘라내서 남성성을 박탈하거나 평생 걷지 못하게 만드는 것도 끔찍하지만, 코가 없거나 얼굴에 죄명을 새긴 사람은 얼굴을 드러내고 외출할 수가 없었다. 묵형과 의형은 단순한 신체 절단 형벌이 아니라 사회적 매장을 의미했다. 코를 자르는 형벌은 로마와 인도에서 간통, 절도죄에 대해서 시행했다는 기록을 찾을 수 있다.

코가 잘리면 얼굴 한가운데 두 개의 커다란 구멍이 뚫려 있어, 다른 부분이 아무리 잘생겼다고 해도 눈과 피부만 덧씌운 해골 같은 기괴한 인상을 준다. 묵형도 마찬가지다. 이마나 뺨에 죄명이 적혀 있으면 얼굴에 바코드를 찍어놓은 것처럼 어디를 가나 자신의 전과를 써 붙이고 다니는 것과 같다. 문신을 지우거나 코를 재건하는 것은 현대 의학에서도 꽤나 도전적인 과제다. 이런 형벌을 만든 의도는 분명하다. 죄인에게 일차적인 신체의 고통을 넘어 평생의 낙인을 찍어 고립된 삶을 살게 하겠다는 것이다. 형벌을 만든 사람들의 생각은 시대와 지역에 상관없이 거의 비슷한 것 같다. 불행 중 다행인지 형벌을 받고 나서 코 재건을 금지하거나 얼굴의 글자를 함부로 지우지 말라는 언급은 없다. 아마 그런 시술은 불가능하다고 생각해서 그냥 내버려둔 것일지도 모르겠지만 말이다.

하지만 형벌의 희생자들이 가만히 앉아서 자신들의 운명을 받아들이기만 한 것은 아니었다. 고대 로마의 의사 갈렌Cladius Galen(129~199)은 당시 절단된 코의 재건술을 할 줄 아는 전문가 집단이 존재한다는 기록을 남겼다. 기록에 따르면, 그들은 종이나 천을 이용해서 코 모양을 만들고 적절한 채색으로 피부 색깔을 흉내 낸 보철을 만들었다. 지금은 알 수 없는 특수한 접착 물질로 떼었다 붙이는 것이 가능해서 잘 때는 따로 보관하고 아침에 일어나면 붙이고 외출했다고 한다.

코를 잘린 현실을 극복하고 운명을 바꾼 사람도 있었다. 동로마 제국의 황제 유스티니아누스 2세Justinianus II(669~711)는 부하 장군에게 배신당해 코를 잘리고 퇴위당했다. 당시 동로마 제국은 얼굴이 온전하지 못하면 황제가 되지 못하는 전통이 있었다. 10년간 도피 생활을 하면서 그는 대장장이들에게 금으로 된 코를 만들게 했다. 서기 705년 그는 수도 콘스탄티노플을 점령하고 황제의 자리를 되찾는다. 배신한 부하에게는 코를 자르는 형벌로 똑같이 돌려주었다.

질병도 옛날부터 사람의 얼굴을 망가뜨린 주범 중 하나다. 이제 문명국에서 형벌로 얼굴이 망가지는 사람은 없지만 질병은 지금도 여전히 사람의 얼굴을 공격한다. 내가 진료실에서 만나는 재건이 필요한 환자들은 대부분 구강암이나 골수염 환자들이다. 하지만 과거의

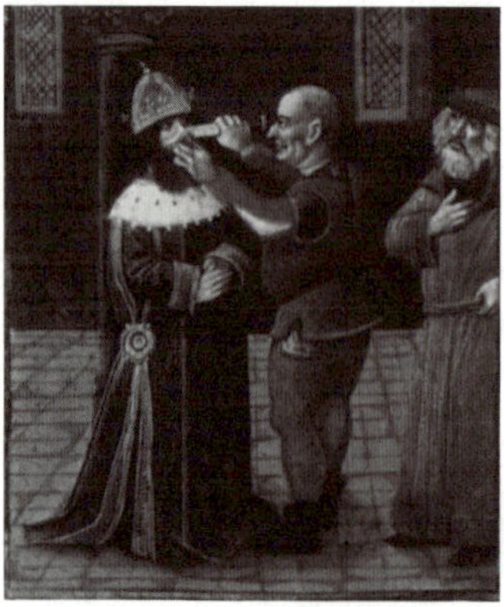

코를 잘린 유스티니아누스 2세와 그의 코 보철

기록에 얼굴 재건과 연관되어 자주 언급되는 질병은 매독이다. 그때도 당연히 구강암이나 골수염이 존재했을 것이다. 그러나 당시의 의술로 봤을 때 그런 환자들은 재건을 기다리다 병을 이기지 못하고 대부분 사망했을 가능성이 높다. 그렇다면 매독 환자들은 어떤 운명이 기다리고 있었기에 재건의 주인공들이 되었을까?

초기의 매독은 증상이 심각하지 않아서 외모에 큰 문제가 없었다. 하지만 페니실린이 개발되기 전까지 확실한 치료법이 없었고, 성병이다 보니 주변에 알려지는 것을 꺼리고 방치하는 경우가 많았다. 결국 마지막 단계인 3기 매독으로 전신에 균이 퍼지고 뼈와 피부가 괴사되면서 불쌍한 희생자의 얼굴에 낙인이 그 모습을 드러낸다. 특히 코와 입천장이 괴사되면서 구멍이 뚫렸다. 고대면 모르겠지만 중세 시대 이후에 코가 없다는 건 형벌을 받았다기보다는 '나는 성병에 걸린 사람이다'라고 얼굴에 써 붙이고 다니는 것과 다름없었다.

콜럼버스의 신대륙 발견 이후 서기 1500년을 기점으로 유럽에 매독이 유행하기 시작했다. 신분의 높고 낮음을 가리지 않고 귀족, 지식인, 심지어 왕족 중에도 매독 환자가 많았다. 매독균의 정체도 모르던 시절이었지만,

코를 공격하는 3기 매독

적어도 성관계를 통해 전파된다는 사실 정도는 알려져 있었다. 코가 없다는 것은 외모의 기괴함에 더해 문란한 생활을 하다가 신에게 벌을 받았다는 낙인으로 여겨졌다. 그렇기에 얼굴 재건은 선택이 아니라 필수였다. 르네상스 시대를 지나면서 세공 기술의 발달로 금, 은, 유리, 상아, 나무 등 다양한 재료를 이용해 그럭저럭 비슷한 가짜 코가 만들어졌다.

한편 외과적 기술이 발전하면서 수술을 통해 신체 일부를 이식해 코를 재건하기 시작했다. 전쟁은 재건수술의 원동력이었다. 고대에도 전쟁으로 코를 비롯해 얼굴 일부분이 절단되는 부상을 입을 수 있었지만 피해 부위가 크지 않았다. 칼과 창 같은 구식 무기로 얼굴에 큰 상처를 입히는 것도 쉽지 않았고, 설사 크게 잘려 나가더라도 당시의 의술로는 생존해서 재건 치료를 받을 확률이 높지 않았다. 하지만 화약무기가 본격적으로 사용되고 야전병원에서 즉각적인 치료가 가능해지면서 상황이 많이 달라졌다.

수만 명이 동원되어 대포나 총을 사용해 벌이는 대규모 살육전은 나폴레옹 전쟁이 그 시작이었다. 가공할 위력의 무기는 사람들의 뼈와 살을 부수면서 막대한 희생자를 낳았다. 부상을 입고 살아남더라도 대부분 회복할 수 없는 불구가 되었다. 얼굴도 예외가 아니었다. 화약을 쓰지 않는 냉병기冷兵器 시대라면 코만 베이고 끝날 부상이, 무기의 발전으로 아래턱이 통째로 날아가거나 위턱이 가루가 되는 수준이 되었다.

1832년 벨기에 독립을 둘러싸고 프랑스와 네덜란드 간에 벌어진 전쟁 중, 안트베르펜Siege of Antwarp 포위전을 살펴보면 보철을 이용한 당시의 재건술 수준을 엿볼 수 있다. 22세의 프랑스 병사 알퐁스 루이스Alphonse Louis는 그날 적이 쏜 대포의 희생자였다. 3킬로그램의 파편에 그의 아래턱은 흔적도 없이 사라졌다. 보통 사람의 네 배로 부풀어 오른 그의 혀는 목구멍에 그냥 매달려 있는 것과 다름없었다. 병원

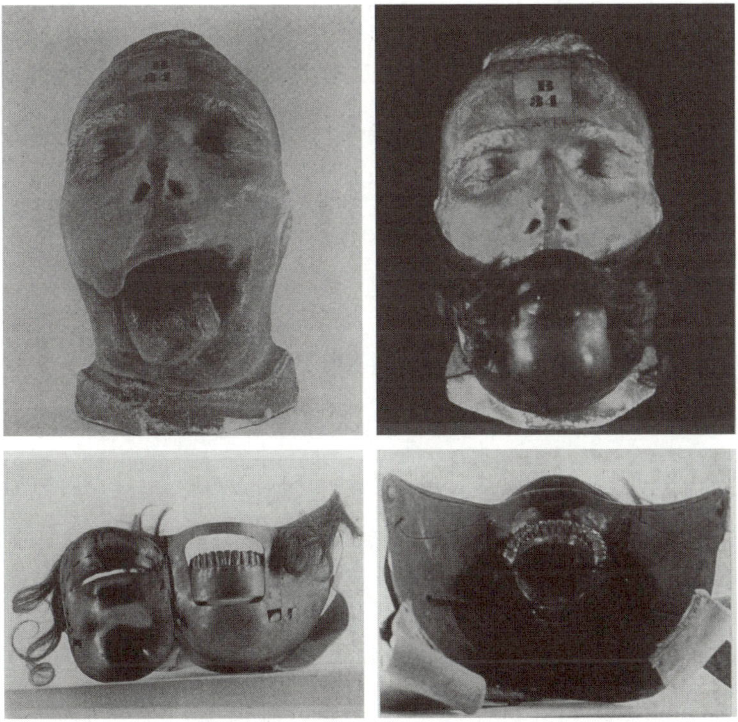

© https://pmc.ncbi.nlm.nih.gov/articles/PMC7937165
알퐁스 루이스를 본뜬 얼굴 모형과 턱 마스크 보철

에서 그는 죽, 음료, 젤리 등으로 연명했다. 특수하게 설계된 숟가락이 목구멍에 음식물을 부어 넣어줄 뿐이었다.

그는 남은 수십 년의 인생을 이렇게 살 수는 없었다. 담당 치과 군의관과 보철 기술자는 은으로 된 특수 마스크를 제작했다. 마스크 내부에 금니를 넣고 아래턱을 움직이게 만들었다. 흐르는 침과 남은 음식물은 따로 빠져나올 수 있도록 설계했다. 겉면은 피부색으로 페인트 칠을 하고 수염을 붙였다. 목에 따로 스카프를 둘러서 멀리서 보면 만들어진 턱인지 거의 알아볼 수 없었다. 알퐁스의 남은 여생은 비교적 행복했다고 한다. 친구들과 카드 게임을 즐기고, 가끔 사람들에게 자신의 인공 턱이 작동하는 모습을 재미 삼아 보여주기도 했다. 그것은 자신이 가슴에 자랑스럽게 달고 다니는 전쟁 훈장들과 같이 얼굴에 달고 있는 또 다른 훈장이었다.

신을 흉내 낼 것인가? 신에게서 빌려올 것인가?

전쟁과 형벌, 질병은 시대와 무관하게 복합적으로 사람의 얼굴을 공격했다. 항생제의 발달로 매독은 거의 사라졌지만, 코에 생기는 암 등 다른 질병이 그 자리를 대신했다. 정상적인 문명국가에서 신체를 절단하는 형벌은 사라졌지만 지구상 어딘가에서는 지금도 사람의 코를 자르고 있다. 2010년 『타임*Time*』지 표지를 장식한 것은 아프가니스탄 소녀 비비 아이샤Bibi Aisha였다. 12세 때 탈레반 남성과 결혼한 아이샤는 남편의 학대를 견디지 못해 도망쳤다가 잡혀서 귀와 코를 잘렸다. 다행히 미군에게 구조되어 지금은 재건 치료를 받고 새로운 인생을 살고 있다.

코를 자르는 것은 개인의 자존감과 존엄을 무너뜨리는 방법으로 다른 어느 부위보다 효과적이라는 것을 인류는 잘 알고 있다. 그렇기에 수천 년 동안 변함없이 상대방을 공격하는 수단으로 사용하고 있다. 어쩌면 매독균과 무기보다 더 무서운 것은 인간일지도 모른다.

『타임』지 표지를 장식한 아프가니스탄 소녀 비비 아이샤

형벌, 질병, 전쟁은 그 형태를 조금씩 바꾸면서 지금까지 재건술에 새로운 도전을 안겨주고 있다. 그러나 발전에 급가속도를 붙인 것은 바로 전쟁이었다. 무기가 발달하면서 파괴력도 따라서 증가했지만, 의학의 발달로 부상에서 생존할 확률이 오히려 높아졌다. 얼굴에 큰 장애를 입고 전쟁에서 생존한 사람들이 많아졌다. 그만큼 외과의사와 기술자들에게는 새로운 도전이었다. 재건 부위가 커졌으니 다치기 전과 비슷한 모양, 생체 친화, 고정이라는 재건의 3요소에 추가로 기계적 기능이 필요했다. 대표적인 것이 음식을 먹는 저작 기능이었다.

남북전쟁과 제1차 세계대전을 거치면서 보철 재료는 과거의 나무, 금속, 상아 등 딱딱한 재질에서 부드러운 인간의 살을 흉내 내기 시작했다. 레진, 실리콘, 고무, 셀룰로이드 등이 그 자리를 대체했다. 특히

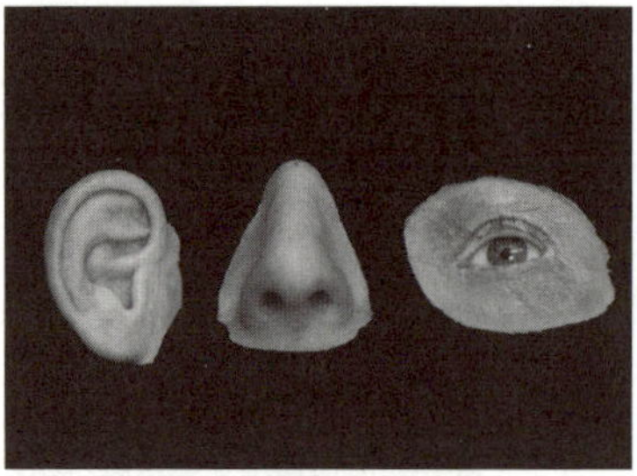

실리콘을 이용한 얼굴 보철

고무가 인기가 많았으나 제2차 세계대전에서 전쟁 물자로 사용되면서 공급이 부족해지자 합성고무를 개발하여 사용했다. 천연재료를 대체하는 물질을 찾으려는 노력 덕분에 유기화학이 발전했다. 합성 고분자 물질이 개발되었고 1960년대 실리콘이 보철에 도입되었다. 지금도 실리콘은 인체를 모방한 여러 가지 보철물에 사용되고 있다.

1970년대에는 골매식체, 임플란트가 개발되었다. 티타늄 나사가 뼈세포와 단단하게 결합되는 원리osseointegration를 이용해 보철물을 고정시킬 수 있다는 아이디어에서 출발했다. 임플란트 이전에는 보철물에 끈을 달아서 얼굴에 묶거나 접착제로 붙였다. 혹은 좀 더 정교하게 만들어서 결손된 얼굴 부위의 형태에 맞춰 튀어나오거나 들어간 곳에 레고처럼 끼우듯이 고정하기도 했다. 이 방법은 번거롭기도 하고 단단하게 고정되지 않았다. 하지만 임플란트는 보철물 고정에 엄청난 혁신을 가져다주었다. 단순히 치아, 틀니를 고정시키는 것뿐만 아니라 인공 귀, 코 등을 안정적으로 얼굴에 고정시킬 수 있었다.

재료와 관련된 기술은 눈부시게 발전했지만 인간이 개발한 보철재료들이 넘지 못하는 최고의 재료가 있다. 생체조직, 즉 사람의 몸에서 빌리는 재료다. 바로 이식이다. 그리고 남에게 빌리는 것보다 자기

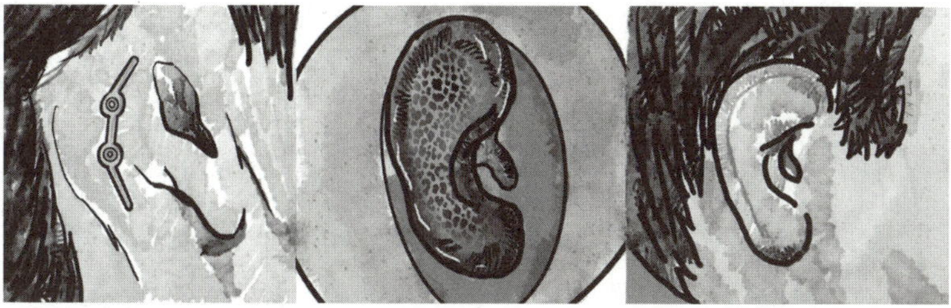

티타늄 임플란트를 이용한 귀 보철물의 고정

자신의 몸에서 빌려오는 것이 가장 품질이 좋다. 물론 자기 몸에서 빌린다는 것은 이식을 위해 다른 부위의 조직을 별도로 떼어내는 수술을 받아야 한다는 의미다. 이 아이디어는 생각보다 오래되었다. 옛날 사람들이 재건을 보철물에만 의지했다고 생각한다면 그들을 너무 무시하는 것이다. 그들도 신에게서 빌려올 줄 알았다.

자가조직을 이용한 최초의 코 재건수술 기록은 3천 년 전 인도의 외과의사 수슈르타Sushruta 가 쓴 저서 『수슈르타 삼히타*Sushruta Samhita*』에서 찾을 수 있다. 책에서는 뺨이나 이마의 피부를 떼어내서 잘려나간 코를 만드는 방법을 설명한다. 수슈르타는 코 재건수술에서 피부를 코에 붙이기 위해 일부분은 원래 있던 부위에 그대로 두어 혈액공급을 유지한 상태에서 떼어내는 일종의 피판flap 기법을 사용했다. 그런 다음 피부를 코에 이식하고, 이식된 피부가 코와 완전히 결합하여 혈액이 통하기 시작하면 조직을 제공한 부위에 남겨놓았던 피부를 완전히 떼어내어 수술을 완료했다.

놀랍게도 이런 방식은 현대 의학에서 재건수술의 기본 원리와 일치하며 지금도 사용되고 있다. 이 아이디어가 거듭 발전했다면 보철물보다 더 사람다운 코로, 코를 잃은 수많은 사람에게 새 인생을 선물했을지도 모르겠다. 하지만 중세 유럽 종교 중심의 사회 분위기는 수술 치료에 우호적이지 않았다. 다만 이슬람 세계에서만 의학 분야의 발전이 꾸준히 이루어졌다. 간간이 명맥은 유지되었지만, 재건수술이 본격적으로 발전한 것은 르네상스 시대에 와서였다.

수슈르타의 코 재건수술 방법. 1794년 『젠틀맨스 매거진(*The Gentleman's Magazine*)』에 소개된 그림

뼈와 살 그리고 피

신에게서 빌려오든 베끼든 얼굴을 잃어버린 사람에게 되돌려줘야 할 것은 단순하게 생각하면 뼈 아니면 살이다. 혹은 둘 다 동시에 재건해야 하는 경우도 있다. 뼈와 살 중에서 인간이 재건을 더 잘하고 있는 것은 지금까지는 뼈인 것 같다. 단단하고 비교적 단순한 기계적 구조를 가진 뼈는 형태가 고정되어 있다. 즉 실체가 분명하다. 덕분에 필요한 크기와 형태를 정확하게 결정해서 몸의 다른 부위에서 떼어내거나 합성할 수 있다.

살은 좀 다른 문제다. 일단 살은 피부뿐만 아니라 점막, 근육, 근막, 신경까지 포함하는 다양한 조직이다. 복잡한 세포 구조를 가지고 있고 점막마다, 근육마다 기능과 형태가 달라진다. 그리고 탄성이 있어서 뼈처럼 고정된 것이 아니라 처지거나 당겨지는 등 위치에 따라 형태가 달라진다. 또한 시간이 지남에 따라 오그라들거나 늘어나기도 하므로 명확히 규정할 수 없다. 이러한 살을 흉내 내거나 합성하는 것은 뼈와 비교도 할 수 없이 어렵다.

흉내 내는 것, 즉 밖에서 만들어서 끼워 넣어주는 것이 아니라 생체 조직을 이식하는 재건이라면 뼈와 살에 상관없이 고려해야 하는 것이 있다. 바로 피다. 살아 있는 모든 조직에는 피가 흘러야 한다. 영양을 공급받고 숨 쉬며 노폐물을 내보내기 위해서는 이식한 조직에 충분한 피가 흘러야 한다. 혈관과 함께 이식할 수 없다면 적어도 이식 후에 주변 조직에서 혈관이 자라 들어오도록 고정하고, 피가 다시 흐를 때까지 세포들이 살아 있어야 한다. 피가 흐르지 않는 이식 조직은 그냥 가져다 붙인 고깃덩어리나 뼈다귀에 불과하다. 붙여도 곧 말라 비틀어지거나 결국 썩어서 떨어져나간다.

3천 년 전 수슈르타는 재건을 위한 이식의 열쇠는 피가 흐르게 하는 것이라는 사실을 이미 알고 있었다. 한동안 이 개념은 소수의 사람들에게 비밀스럽게 세습되었다. 1597년 이탈리아 의사 탈리아코치Gaspare Tagliacozzi(1545~1599)가 얼굴의 피부 대신 팔의 피부를 이용해 재건하는 방법을 발표하면서 드디어 대중화되기 시작했다. 수슈르

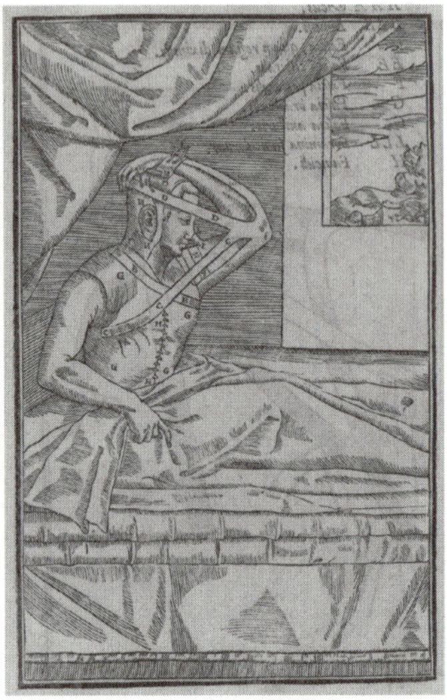
팔의 피부를 이용한 탈리아코치의 코 재건수술

타의 수술법은 얼굴에서 피부를 떼어내느라 흉터를 남겼지만, 이 방법은 눈에 띄지 않는 팔에서 피부를 채취했으니 나름 진보한 방법이었다. 이처럼 19세기까지 이식에 사용할 조직을 혈액 공급을 유지시킨 채 당겨오거나 회전시켜 필요한 부위에 이식하는 개념이 이미 정립되었다. 다양한 부위를 이용하는 변형된 방법이 발전했는데, 이는 국소 피판local flap이라고 불리며 오늘날까지 사용되고 있다.

상실된 얼굴 조직을 위해 주변 조직을 당겨오거나 회전시켜 메꾸는 재건수술은 사용할 수 있는 조직의 양에 한계가 있었다. 얼굴과 가까운 부위의 조직을 떼어내다 보니 심미적으로도 좋지 않았다. 1970년대까지 국소 피판이 재건을 위한 수술의 대표 주자였지만 수술할 바에는 보철물을 사용하는 것이 결과가 더 좋은 경우가 많았다. 하지만 조직 이식은 광학 장비와 혈관을 다루는 기술의 발달로 앞으로 나아갈 수 있었다.

혈관을 다루는 수술은 1500년대 중반부터 이미 시작되고 있었다. 당시에는 주로 전쟁터에서 사지가 절단되었을 때 지혈을 목적으로 혈관을 묶거나 봉합하는 것이 혈관수술이었다. 19세기에 부상으로 혈관이 손상되었을 때 혈관을 직접 연결하려는 시도가 있었다. 이후 1902년 외과의사 알렉시스 카렐Alexis Carrel(1873~1944)이 집 근처 양복점에서 구한 작은 바늘로 혈관을 연결하는 데 성공시켜 이를 발표했다. 그는 이 방법을 이용해 동물의 장기 이식을 성공시켰으며 훗날 사람의 장기 이식과 절단된 사지 연결의 기초를 닦았다. 이 업적으로 그는 1912년 노벨상을 받았다. 1954년에는 사람의 신장 이식수술이 성공했다. 1962년에는 기차 사고로 절단된 10세 소년의 팔을 다시 붙이는 데 성공한다.

넓은 부위, 또 뼈와 살을 동시에 재건하려면 가까운 곳의 조직을 일부 떼어내서 당겨오는 것은 한계가 있었다. 눈에 띄지 않는 멀리 있는 부위에서 더 많이 조직을 뗄 필요가 있었다. 재건해야 하는 부위보다 먼 곳에서 조직을 떼면 회전시키거나 당겨올 수 없다. 유리 피판free flap 수술, 즉 혈관을 포함해서 조직을 뗀 다음 재건할 부위에서 그 조직을 먹여 살릴 혈관을 찾아 동맥과 정맥을 서로 연결시켜야 했다. 피가 흐르는 것이 재건수술의 열쇠이기 때문이다. 유리 피판에서 다루어야 하는 혈관은 장기 이식이나 팔다리를 연결할 때보다 더 가늘었다. 1밀리미터의 혈관을 연결하려면 현미경, 미세 봉합을 위한 재료와 장비가 필요했다.

수술용 현미경은 1921년 중이염 수술을 위해 이비인후과에서 처음 사용했으며, 1960년대까지 주로 이비인후과, 신경외과에서 사용했다. 1950년에는 상업화된 의료용 현미경이 등장했다. 이후 1963년 현미경을 이용하여 절단된 손가락을 연결하는 수술이 성공하면서 1밀리미터 수준의 미세혈관을 연결하는 수술microvascular surgery이 본격화되었다. 1970년 현미경과 미세수술 기구 제조 기술이 발달하면서 얼굴 영역의 재건에 미세혈관 연결을 이용한 조직 이식수술이 도입되었다.

결손된 부위와의 거리와 조직을 뗄 수 있는 양에 대한 제한이 없어지면서 다양한 부위에서 필요한 만큼 떼어내어 이식하는 것이 가능해졌다. 팔, 허벅지 등에서 환자의 상황에 맞게 뗄 수 있었고 턱뼈와 얼굴 살을 재건하기 위해 종아리뼈, 골반뼈 등을 피부와 함께 떼어내

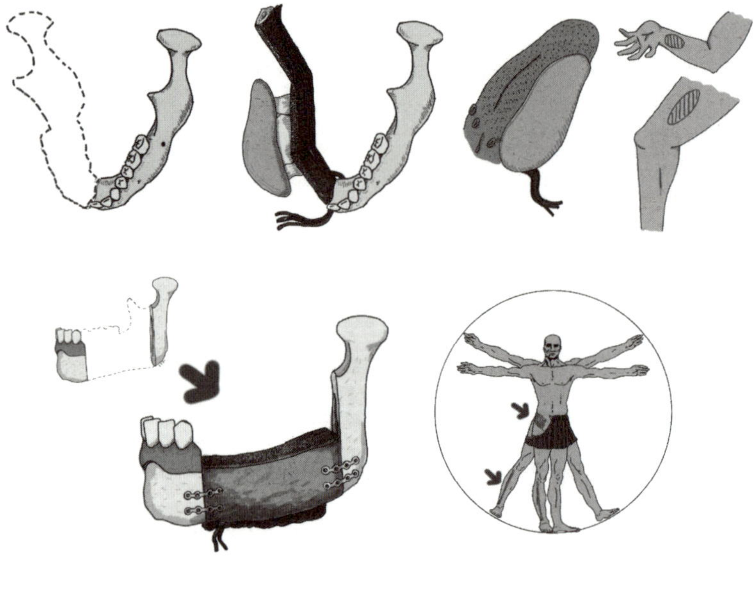

유리 피판을 이용한 턱뼈와 혀의 재건수술

여러 조직을 동시에 이식하는 복합조직 재건도 가능해졌다. 1990년대에 이르러서는 기존의 주변 조직을 떼어서 붙이는 국소 피판보다 멀리서 떼어오는 유리 피판이 재건수술의 주요 선택지가 되었다. 수슈르타에게 현미경과 적당한 기구가 있었다면 아마 그도 유리 피판 재건수술을 하지 않았을까?

빌려올 수 없다면 직접 만들어보자: 보철과 이식의 미래

조직 이식수술은 지금까지 눈부신 발전을 거듭해서 재건의 중요한 방법 중 하나로 자리 잡았다. 하지만 근처가 되었든 멀리 있는 부위가 되었든 어디선가 조직을 떼어내야 하는 것은 수술 부위가 두 군데가 됨을 의미한다. 보철에 비해서 수술을 받는 사람에게 부담이 될 수밖에 없다. 그리고 재건에 있어서 피판 수술이 만능은 아니다. 피판 수술이 완벽한 치료법이라면 만들어 넣는 보철을 완전히 대체할 수 있어야 한다. 하지만 인공 재료로 보철물을 만들어 넣는 재건술은 지금도 시행되고 있으며 여전히 계속 발전하는 중이다.

보철이 재건술의 한 분야로 지금도 건재한 이유는 재료의 발달 덕분이다. 비록 인간의 신체 조직에 비해 모양과 기능이 떨어지긴 하지만 고분자 재료의 발전, 재료를 가공하는 기술의 발달로 피부, 점막과 거의 비슷한 색깔과 감촉을 재현해낸다. 임플란트의 발명으로 보철물을 붙이고 떼는 것도 훨씬 안정적이고 쉬워졌다. 한편 수술을 받을 경제적 여력이 되지 않거나, 여러 번 수술을 받아서 육체적·정신적으로 더는 수술을 받고 싶지 않은 사람, 고령이나 전신 질환으로 수술을 견디기 힘든 사람에게 보철은 여전히 훌륭한 대안이다.

미래의 보철과 이식수술은 따로 발전하는 것이 아니라 서로 융합될 것이다. 보철물은 나무, 종이, 상아에서 고무, 실리콘을 거쳐 이제 사람의 조직과 같은 성분의 물질을 합성하고 그 속에 세포를 자라게 한다. 생체 조직으로 된 보철물을 만드는 것이다.

최근 3D 프린팅 기술의 발달로 해부학적으로 완벽하게 복제된 형태에 생물학적인 기능까지 추가하여 생체 물질을 출력할 수 있게 되었다. 고분자와 칼슘, 혈관세포, 연골세포, 뼈세포 등을 프린터기의 출력 재료로 사용해서 원하는 모양의 턱뼈, 귀 등을 통째로 출력해 사람의 몸에 넣어주는 연구가 활발하게 진행되고 있다. 말 그대로 살아 있는 보철물을 만드는 것이다. 하지만 이것을 사람 몸에 끼워주려면 주변 조직과 연결하기 위한 수술이 필요하다. 결국 재건을 위한 보철과 수술은 따로 가는 것이 아니라 하나의 목표를 향해 나아가고 있다. 인간의 역사가 계속되는 한 형벌, 질병, 그리고 전쟁은 아마 멈추지 않을 것이다. 재건도 결국 계속 발전해나갈 수밖에 없다.

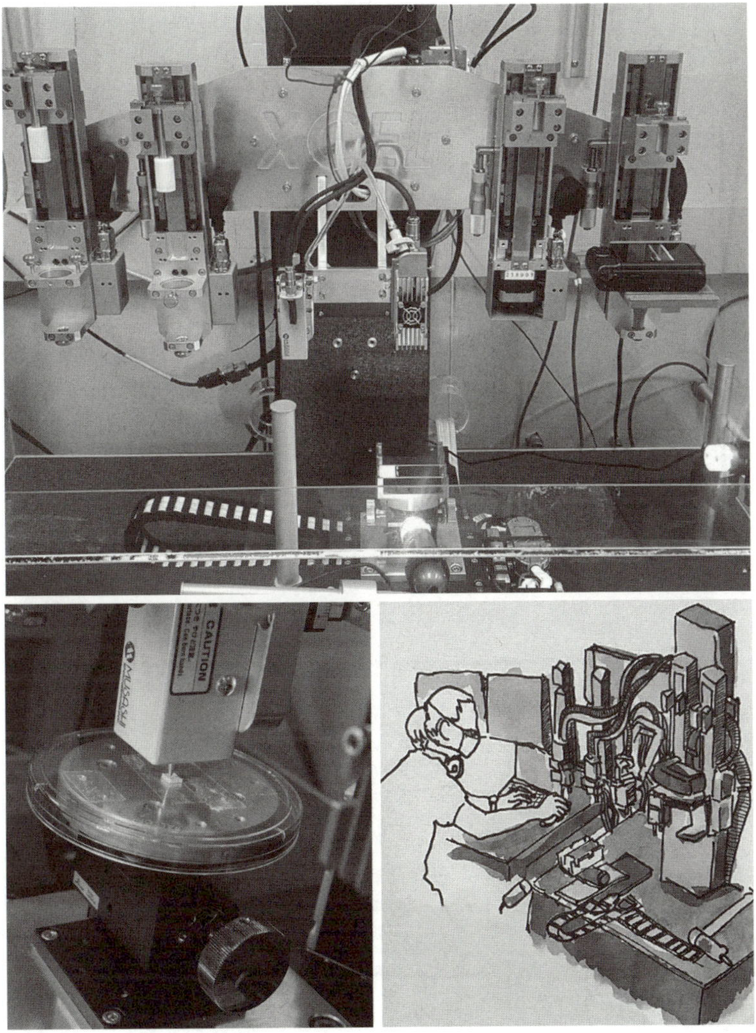

3차원 바이오 프린팅 머신과 뼈조직의 프린팅(웨이크 포레스트 재생의학 연구소, WFIRM NC US)

아무리 안락하게 만들어도 앉고 싶지 않은 의자 **유닛체어**

우리는 태어나서 죽을 때까지 치과 치료 의자 '유닛체어'에 최소 한 번은 앉아보게 되지 않을까?

치과 치료는 유닛체어에서 시작해서 유닛체어로 끝난다. 현대의 치과 진료는 네 개의 손(Four hand dentistry)을 필요로 하는데, 유닛체어는 여기에 최적화된 의료 장비다.

하지만 300년 전에는 환자가 바닥에 주저앉는 것이 가장 편한 자세라고 생각했다.

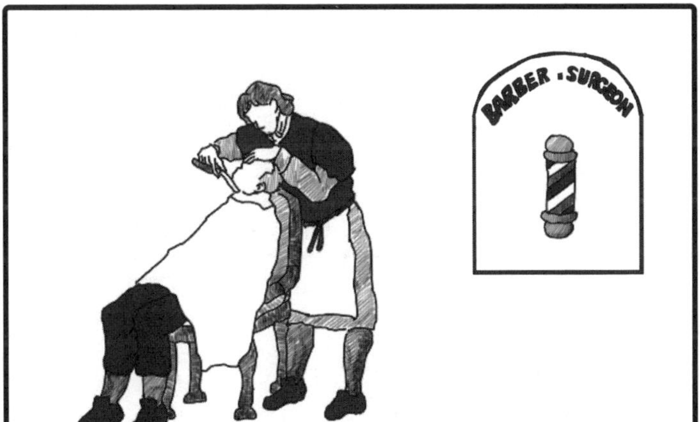

치과의사가 독립된 직업으로 분리되기 전, 이발사들은 간단한 나무의자에 손님 혹은 환자를 앉혀놓고 발치를 비롯한 간단한 외과 시술이나 이발을 해주었다.

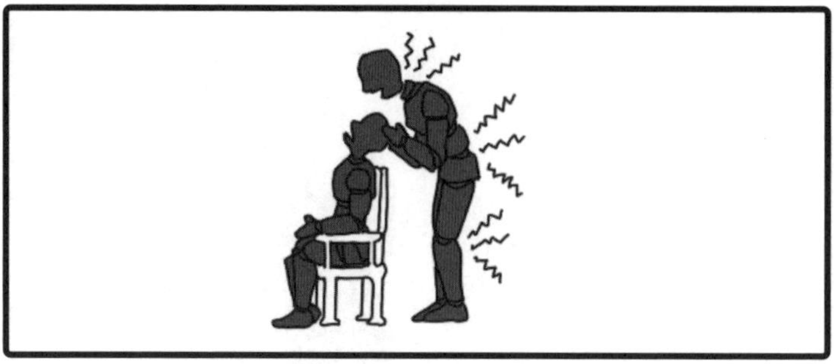

그러나 복잡한 치료에서는 이런 자세가 환자나 시술자 모두에게 매우 불편했다.

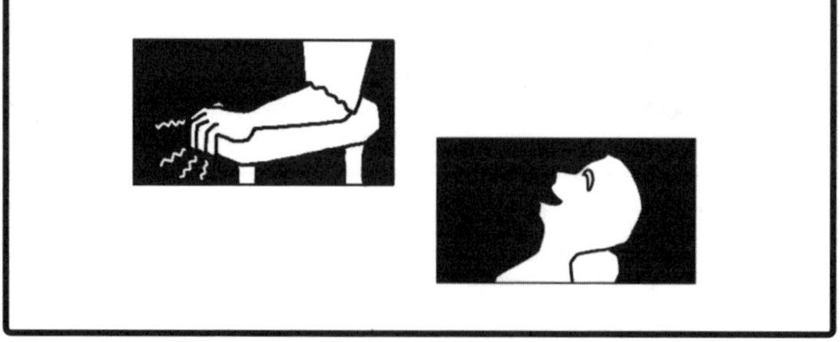

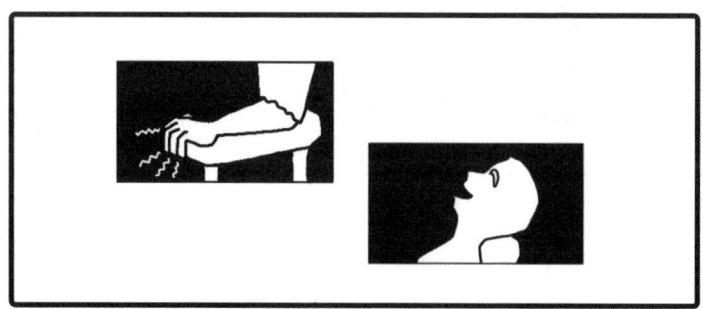

피에르 포샤르가 제안한 팔걸이와 머리 받침은 지금도 유닛체어 디자인의 중요한 요소다.

조시아 플래그의 체어
(Josiah Flagg's chair, 1790)

1790년 팔걸이와 머리 받침을 반영한 최초의 전용 유닛체어가 만들어졌다.

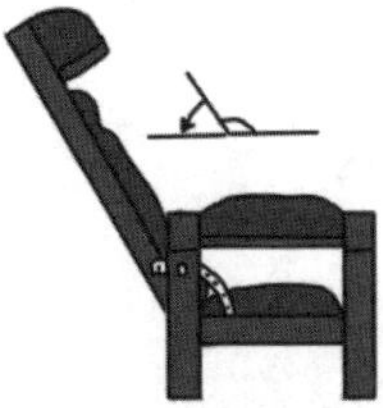

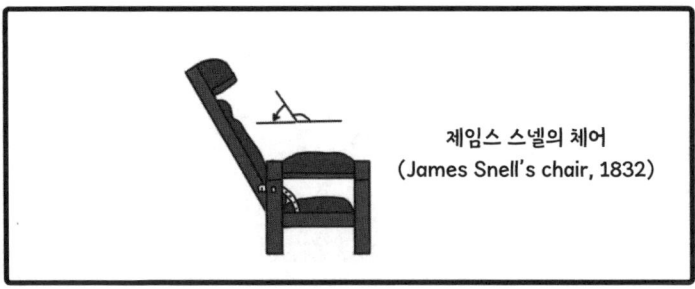

제임스 스넬의 체어
(James Snell's chair, 1832)

40년 후 뒤로 기울일 수 있는 기능이 추가된다.

유닛체어에서 뒤로 눕힐 수 있는 기능은 엄청난 차이를 만든다. 시야를 확보해주고 환자와 의사를 근골격계 질환에서 보호해준다.

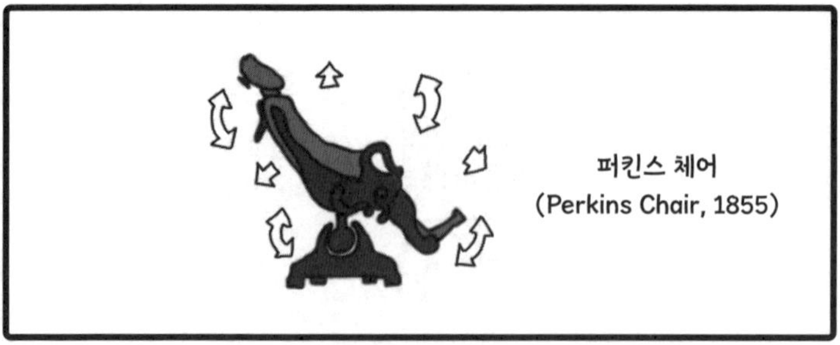

1850년 이후, 더 복잡한 움직임을 가능하게 해보려는 시도가 있었다.

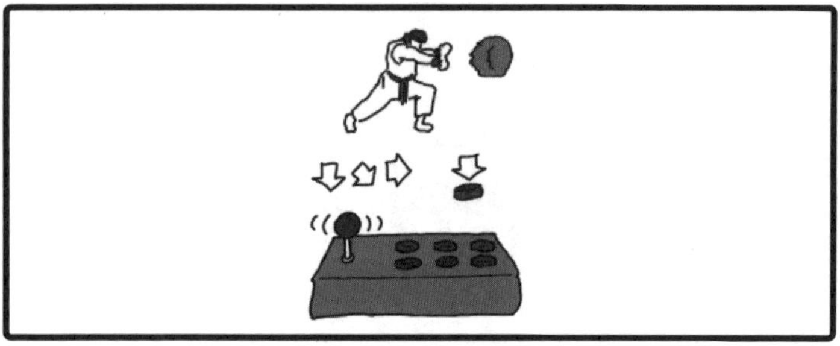

진료 중에 환자의 위치를 쉽게 바꿔 효율성을 높이려는 것이었다.

그러나 당시 기술의 한계로 성공적이지는 못했다.

19세기 후반, 사람들은 체어에 전기 동력을 적용하려는 시도를 했는데, 사우스윅(Alfred P. Southwick)도 그중 한 사람이었다.

그런데 그가 만든 것은 정확히 말하자면 치과용 유닛체어는 아니었다. 사우스윅이 개발한 것은 유닛체어를 기반으로 하는 사형 집행용 전기의자였다.

1881년 7월 발전소에서 노동자가 감전으로 사망하는 사고가 발생한다.

이 사건을 접한 사우스윅은 전기를 교수형보다 더 '인도적인' 사형 집행 방법으로 사용할 수 있을 것이라고 생각했다. 전기를 이용한 동물 안락사 실험에서 만족할 만한 결과를 확인한 그는 사형 집행용 전기의자를 개발하기 시작한다.

당시 미국 사회는 전기 보급을 두고 에디슨(Thomas Edison)의 직류(DC), 테슬라(Nikola Tesla)의 교류(AC)가 대립하고 있었다. 에디슨은 교류의 위험성을 부각시키는 언론 플레이로 테슬라를 공격했다. 에디슨은 교류를 이용해 동물을 감전사시키는 실험을 고의적으로 자주 공개했다.

사실 교류가 송전에 더 효율적이고 강력하다는 것은 에디슨도 잘 알고 있었다. 에디슨은 과거 테슬라의 고용주였다.

그러나 에디슨의 회사는 직류 보급에 사활을 걸고 있었다. 에디슨은 교류의 위험성을 더욱 부각시키기 위해 전기의자에 웨스팅하우스의 발전기를 장착하도록 로비를 했다. 웨스팅하우스는 교류 발전기 회사였다.

1890년 첫 집행이 있었다. 적정 전압을 몰랐기 때문에 고통스럽게 몸만 타들어갔다. 사형수는 몇 번의 시도 끝에 겨우 죽을 수 있었다. 최초의 인도적 사형 집행은 실패했다.

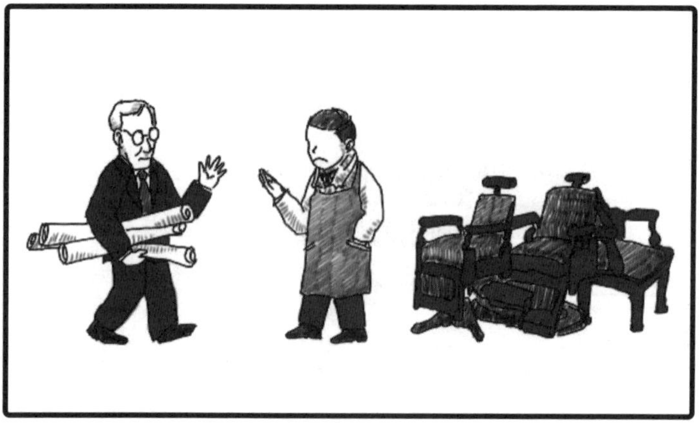

그래도 유닛체어에 전기 동력을 도입하는 시도는 계속되었다. 듀웰 스턱(Dewell Stuck)은 신형 유닛체어의 아이디어를 가지고 이발소 의자 생산업체를 찾아갔지만 거절당한다. 당시의 유닛체어와 이발소 의자는 디자인에서 거의 차이가 없었다.

컬럼비아 유닛체어(Columbia dental chair, 1891)

이후 스턱은 가구업자 프랭크 리터(Frank Ritter)를 소개받고 함께 컬럼비아 유닛체어(일명 잭 나이프 의자, Jack Knife chair)를 개발한다. 바닥이 디스크 형태로 설계되어 유압 피스톤이 들어 있었다. 현대의 사무실 의자처럼 자유롭게 회전하고 부드럽게 위아래로 움직였다.

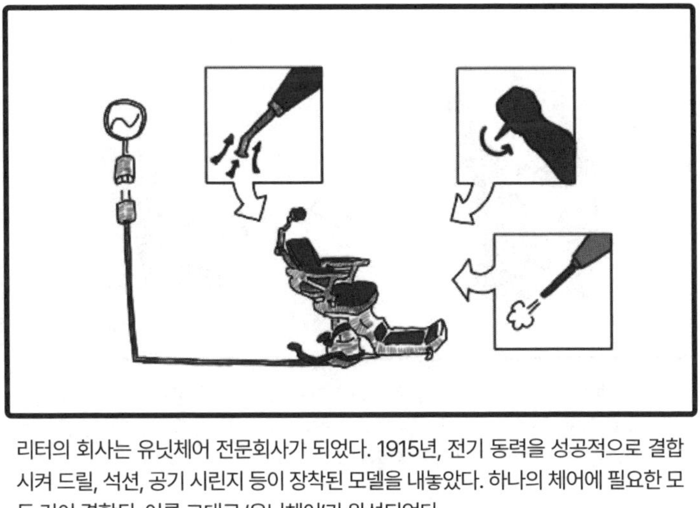

리터의 회사는 유닛체어 전문회사가 되었다. 1915년, 전기 동력을 성공적으로 결합시켜 드릴, 석션, 공기 시린지 등이 장착된 모델을 내놓았다. 하나의 체어에 필요한 모든 것이 결합된, 이름 그대로 '유닛체어'가 완성되었다.

1950년대 진료실의 풍경을 바꾸는 또 한 번의 변화가 찾아온다. 유닛체어 내부의 전기 동력으로 진료 중에 간단한 버튼 조작을 해서 위치와 자세를 자유롭게 조절할 수 있게 되었다. 이제 진료 시간에 서 있던 치과의사들이 앉기 시작했다.

앉을 수 있다는 것은 진료 환경에 큰 변화를 가져왔다. 편의성뿐만 아니라 진료실의 구조, 공간 활용, 위생 등 오늘날 진료실의 모습을 갖추기 시작했다. 네 개의 손을 사용하는 치과 진료의 개념도 이때부터 확립되었다.

현대 사회에서 진료가 복잡 다양해지면서, 환자에게도 편의성을 제공하는 인체공학적 디자인이 요구된다. 인체공학적 디자인은 항공기, 사무실 체어 등과 서로 영향을 주고받으며 발전하고 있다.

2000년대부터 유닛체어는 스마트폰처럼 카메라, 컴퓨터(의무기록, 방사선 사진) 등이 결합되면서 발전했다.

미래에도 유닛체어는 첨단 기술과 결합하여 꾸준히 발전할 것이다. 하지만 아무리 안락하고 편리해져도 앉고 싶지 않은 의자라는 것은 변함없는 사실일 것이다.

더 날카롭지만 덜 아픈 도구를 찾아서 **치과 드릴**

영화 「덴티스트」(1996) 포스터

사람들이 치과를 무서워하는 가장 큰 이유는 드릴 때문일 것이다. 공포 영화의 소재로 활용될 정도로, 드릴에 대한 사람들의 인식은 치료 기구와 흉기 사이 어디쯤에 걸쳐 있는 것 같다.

치과 드릴은 핸드피스라고 부른다. 무시무시한 느낌과 다르게 최소한의 통증과 빠른 작업을 위해 최적화된 기술의 결정체다. 현대의 치과 치료는 핸드피스 없이는 거의 불가능하다.

지금과 같은 핸드피스가 치료에 사용되기 시작한 것은 불과 50년 전이다. 기구를 이용해 썩은 부분을 갈아내는 치료는 수천 년 전 신석기 시대까지 거슬러 올라간다.

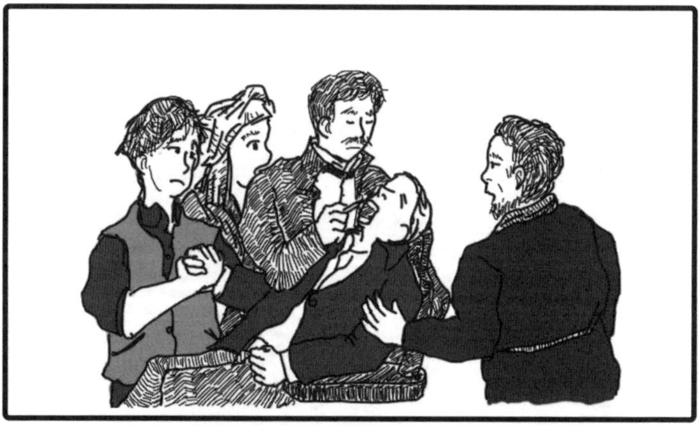

손으로 드릴을 돌려서 치아를 깎는 방식은 18세기까지 계속된다. 그러나 느리고 둔탁한 기구를 이용한 치료는 고문과 별 차이가 없었다.

결국 사람의 힘만으로는 충분하지 않았고, 더 빠르고 강한 힘이 필요했다. 1800년대에 기계적 기술이 드릴에 도입되기 시작했고, 1865년 태엽으로 작동하는 드릴이 개발되었다. 그러나 손의 힘을 대체하기에는 성능이 많이 떨어졌다.

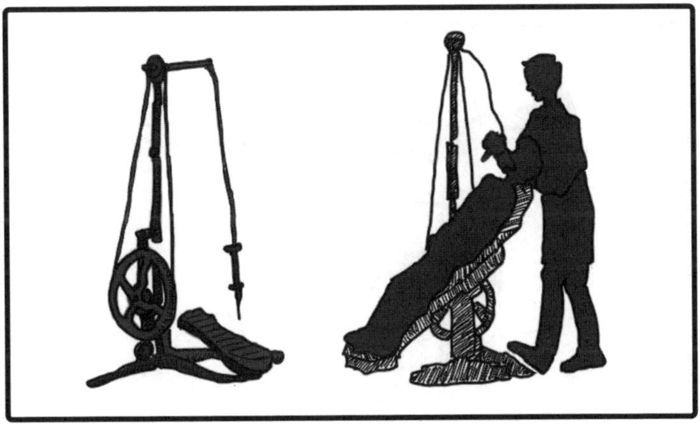

1871년 페달을 밟아 회전하는 드릴이 발명되었다. 속도가 느리고 조작이 어려웠지만, 기계의 힘으로 움직이는 드릴이 진료실에 본격적으로 도입되는 계기가 되었다.

1875년 조지 그린(George F. Green)이 세계 최초로 전기로 움직이는 드릴을 발명했지만, 안타깝게도 당시 전기가 들어오는 치과가 많지 않았다. 여전히 의사들은 페달을 밟는 드릴을 더 많이 사용했다.

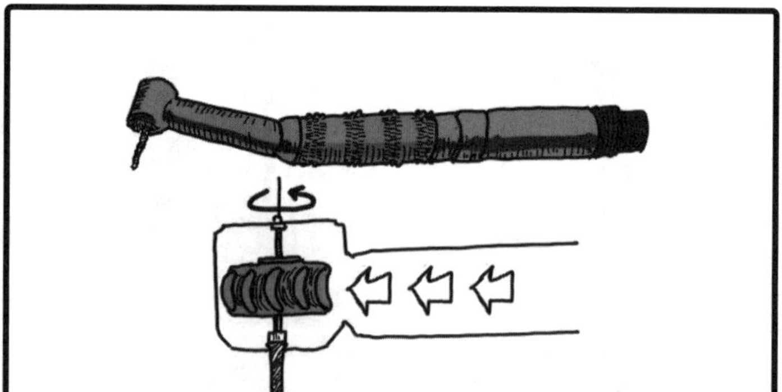

현대 핸드피스의 원형이 되는 공기압을 이용한 에어터빈 핸드피스는 1950년대에 등장했다. 1957년 존 보든(John Borden)이 개발한 핸드피스는 대형 치과 기자재 회사를 통해 판매되기 시작했다. 기본적인 성능은 지금과 큰 차이가 없다.

현대의 핸드피스는 절삭력, 빛, 냉각 기능 등이 향상되었다. 내구성이 좋아지면서 철저한 소독도 가능해졌다. 전기 모터를 사용하는 핸드피스도 임플란트 수술과 같은 특수한 용도에 맞게 계속 발전했다.

의료용 레이저 기술이 발전하면서 드릴을 대체할 대안으로 주목받고 있다. 더 빠르고 덜 아픈 치료 기구를 만들기 위한 여정은 계속되고 있다.

또 다른 세상에 대한 관찰

2025년 6월 3일, 갑자기 치러진 대통령 선거의 열기로 뜨거웠던 늦은 밤, 개표 방송을 켜놓은 채 아이패드로 책 일러스트의 막바지 작업을 하고 있었다. 의도한 것은 아니었지만, 이 책을 집필하는 동안 대한민국은 세 명의 대통령을 거쳤다.

2019년 세종서적의 제안으로 원고 작업을 시작했을 때, 나는 마침 미국 웨이크 포레스트 재생의학연구소에서 행해질 1년 6개월간의 연수를 앞두고 있었다. 연구소에서도 해야 할 일은 있었지만, 병원에서 근무할 때보다는 시간적 여유가 있을 테니 귀국할 때쯤이면 완성된 책 한 권을 손에 쥘 수 있을 거라고 생각했다.

처음에는 내 전문 분야와 관련된 주제를 조금 힘을 빼고 가볍게 쓰는 일이 그다지 어렵지 않을 거라고 생각했다. 하지만 그것이 큰 착각이었다는 사실을 깨닫는 데는 그리 오랜 시간이 걸리지 않았다. 해부학을 재료로 인문 교양서로 분류될 책을 한 권 써 내려가는 것은 생각보다 많은 품이 들었고, 각각의 주제마다 깊은 고민이 필요한 작업이었다. 무엇보다 해부학을 다루는 책인 만큼, 그림이 빠질 수 없었다. 일러스트 작업에 어느 정도 자신이 있었기에 직접 그리겠다고 출판사 측에 호기롭게 제안했지만, 곧 후회하게 되었다.

공교롭게도 연수기간 중 코로나 팬데믹이 터졌고, 귀국해서도 한국 사회는 한동안 팬데믹의 영향에서 자유롭지 못했다. 생각보다 만만치 않았던 원고 작업과 코로나 팬데믹은 지지부진한 원고 작업에 대한 좋은 핑곗거리였다. 한때는 집필을 포기할까도 싶었지만, 출판사에서 잊을 만하면 보내오는 격려인지 독촉인지 알 수 없는 안부가 버팀목이 되어주었다. 그렇게 약속에 대한 무거운 책임감을 동력 삼아 느리지만 조금씩 원고를 쌓아갔다. 그사이 대통령이 한 번 바뀌고 작년에는 의정 갈등이 터졌다. 계엄, 탄핵, 다시 대통령 선거로 한국 사회는 물론이고 내가 근무하는 병원의 진료 환경도 급변했다. 그 혼란은 책을 마무리하는 지금도 여전히 진행 중이다.

그래도 집필을 위해 책상에 앉으면 해부학은 늘 그 자리에서 나를 기다리고 있었다. 수많은 참고서적 속 인간의 몸은 늘 한결같았고, 이야깃거리를 찾아 뒤적이는 역사서와 논문에서 만난 인간들도 나름 혼란한 시대를 살아가고 있었다. 퇴근 후 피곤한 몸으로 반복하던 작업은 어느새 어지러운 현실에서 잠시나마 한 발짝 물러나 다른 세상을 흥미롭게 관찰하는 시간이 되어주었다. 결국 생각보다 오랜 시간이 걸렸지만, 한 권의 책을 완성할 수 있었다. 끈기 있게 기다려준 세종서적 최정미 차장님과 정소연 전 주간님이 없었다면 아마 불가능한 일이었을 것이다. 정말 감사드린다.

이 책이 나에게만 흥미로울 뿐, 남들에게는 어쩌면 진부하거나 지루한 얼굴뼈에 대한 횡설수설처럼 느껴졌을지도 모르겠다. 그래도 이 에필로그를 읽고 있는 독자라면 어느 정도 공감과 재미를 느꼈기에 여기까지 함께해준 거라고 생각한다. 그런 분들의 존재만으로도 이 책에 들인 시간과 노력이 전혀 아깝지 않다.

나의 환자들과 진료 현장에서 함께 고생하는 동료들에게도 감사드린다. 이 책이 있게 해준 소중한 인연들이다.

참고문헌

얼굴뼈에는 많은 이야기가 담겨 있다

- 김명국, 『머리 및 목 해부학』, 제5판, 의치학사, 2011.
- Anne M.R. Agur et al., *Grant's atlas of anatomy,* 10th edition, Lippincott Williams & Wilkins, 2020.
- Schuenke et al., *Head and Neck Neuroanatomy,* second edition, Michael Thieme, 2020.

얼굴뼈의 강남_아래턱뼈

- 김명국, 『머리 및 목 해부학』, 제5판, 의치학사, 2011.
- 대한구강악안면외과학회, 『구강악안면외과학교과서』, 제4판, 군자출판사, 2023.

내가 왕이 될 상(악골)인가_위턱뼈

- 김명국, 『머리 및 목 해부학』, 제5판, 의치학사, 2011.
- 대한구강악안면외과학회, 『구강악안면외과학교과서』, 제4판, 군자출판사, 2023.
- D. H. Enlow, S. Bang, "Growth and Remodeling of the Human Maxilla", *Am J Orthod,* 1965 Jun: 51: 446-464.
- N. L. Rowe., "The history of the treatment of maxillo-facial trauma", *Ann R Coll Surg Engl,* 49(5): 329-349, 1971 Nov.
- Rodrigo S Lacruz, Timothy G Bromage, Paul O'Higgins, Juan-Luis Arsuaga, Chris Stringer, Ricardo Miguel Godinho, Johanna Warshaw, Ignacio Martínez, Ana Gracia-Tellez, José María Bermúdez de Castro 8, Eudald Carbonell, "Ontogeny of the maxilla in Neanderthals and their ancestors", *Nat Commun,* 2015 Dec.
- Safiya Sana, Rony T Kondody, Ashok Kumar Talapaneni, Asma Fatima, Sayeeda Laeque Bangi, "Occlusal stress distribution in the human skull with permanent maxillary first molar extraction: A 3-dimensional finite element study", *Am J Orthod Dentofacial Orthop,* 2021 Oct; 160(4): 552-559.

고의로 턱을 부러뜨리는 위험한 수술?_양악수술

- 대한구강악안면외과학회, 『구강악안면외과학교과서』, 제4판, 군자출판사, 2023.
- E. W. Steinhäuser, "Historical development of orthognathic surgery", *J Craniomaxillofac Surg,* 1996 Aug; 24(4): 195-204.
- Hugo L Obwegeser, "Orthognathic surgery and a tale of how three procedures came to be: a letter to the next generations of surgeons", *Clin Plast Surg,* 2007 Jul; 34(3): 331-355.
- Richard E. Bauer III, DMD, MD, Mark W. Ochs, DMD, MD, "Maxillary Orthognathic Surgery", *Oral Maxillofacial Surg Clin N Am* 26(2014): 523–537.

아름다움과 문명을 새기다_치아

- M. B. Asbell, "A brief history of orthodontics", *Am J Orthod Dentofacial Orthop,* 1990 Aug; 98(2): 176-183.
- Richard P. McLaughlin, John C. Bennett, "Evolution of treatment mechanics and contemporary appliance design in orthodontics: A 40-year perspective", *Am J Orthod Dentofacial Orthop,* 2015 Jun; 147(6): 654-662.
- R. J. Forshaw, "Orthodontics in antiquity: myth or reality", *Br Dent J,* 2016 Aug 12; 221(3): 137-140.

얼굴뼈 수술을 가능하게 하다_전신마취

- Philias Roy Garant, 『전문직 치과의사로의 긴 여정: 치의학 역사』, 치과의사학교수협의회 역, 대한나래출판사, 2018.
- Chlich T., "The history of anaesthesia and the patient-reduced to a body?", *Lancet,* 2017 Sep 9; 390(10099): 1020-1021.
- Crumplin M. K., "Surgery at Waterloo", *J R Soc Med,* 1988 Jan; 81(1): 38-42.
- Ellis H., "Surgery at the Battle of Waterloo", *Br J Hosp Med*(Lond), 2015 Jun; 76(6): 363.
- James Wynbrandt, "The Excruciating History of Dentistry: Toothsome Tales & Oral Oddities from Babylon to Braces", *Saint Martin's Griffin,* 1998.
- M. al-Fallouji, "Arabs were skilled in anaesthesia", *BMJ,* 1997 Apr 12; 314(7087): 1128.
- Robinson D. H., Toledo A. H., "Historical development of modern anesthesia", *J Invest Surg,* 2012 Jun; 25(3): 141-149.

부인, 내 혀가 아직 붙어 있소?_혀

- 김명국, 『머리 및 목 해부학』, 제5판, 의치학사, 2011.
- 대한구강악안면외과학회, 『구강악안면외과학교과서』, 제4판, 군자출판사, 2023.
- 대한구강악안면외과학회, 『구강암 진료지침서』 제2판, 구강암 연구소, 2016.
- Brad W. Neville, Douglas D. Damm, Carl M. Allen, Saunders, *Oral and Maxillofacial Pathology*, 4th Edition, 2015.
- Schuenke et al., *Head and Neck Neuroanatomy*, second edition, Michael Thieme, 2020.

소통과 차단의 양면성_점막

- 대한구강악안면외과학회, 『구강악안면외과학교과서』, 제4판, 군자출판사. 2023.
- Brad W. Neville, Douglas D. Damm, Carl M. Allen, Saunders, *Oral and Maxillofacial Pathology*, 4th Edition 2015.
- Francesco Inchingolo, Luigi Santacroce, Andrea Ballini, Skender Topi, Gianna Dipalma, Kastriot Haxhirexha, Lucrezia Bottalico, Ioannis Alexandros Charitos, "Oral Cancer: A Historical Review", *Int J Environ Res Public Health*, 2020 May 2; 17(9): 3168.
- Schuenke et al., *Head and Neck Neuroanatomy*, second edition, Michael Thieme, 2020.

집요하게 인류를 괴롭힌 만성 질환의 끝판왕_잇몸병

- 전국치주과학교수협의회, 『치주과학 교과서』 7판, 군자출판사, 2020.
- 치과의사학교수협의회와 연구팀, 『한국 치과의 역사』, 역사공간, 2022.
- George Hajishengallis, Triantafyllos Chavakis, "Local and systemic mechanisms linking periodontal disease and inflammatory comorbidities", *Nat Rev Immunol*, 2021 Jul; 21(7): 426-440.
- R. J. Forshaw, "Dental health and disease in ancient Egypt", *Br Dent J*, 2009 Apr 25; 206(8): 421-424.
- Zlata Brkić, Verica Pavlić, "Periodontology–the historical outline from ancient times until the 20th century", *Vojnosanit Pregl*, 2017; 74(2): 193–199.

뼈와 살을 인간답게 만들다_신경

- 김명국, 『머리 및 목 해부학』, 제5판, 의치학사, 2011.

- Anne M.R. Agur et al., *Grant's atlas of anatomy*, 10th edition, Lippincott Williams & Wilkins, 2020.
- Schuenke et al., *Head and Neck Neuroanatomy*, second edition, Michael Thieme, 2020.

뒤통수보다 조심해야 하는 치명적인 옆통수_공간

- 김명국, 『머리 및 목 해부학』, 제5판, 의치학사, 2011.
- 박시백, 『박시백의 조선왕조실록』, 휴머니스트, 2013.
- 공원국, 『춘추전국이야기』, 위즈덤하우스, 2010.
- Anne M.R. Agur et al., *Grant's atlas of anatomy*, 10th edition, Lippincott Williams & Wilkins, 2020.
- Schuenke et al., *Head and Neck Neuroanatomy*, second edition, Michael Thieme, 2020.

인류 역사에서 가장 오래된 헬스케어_칫솔

- Feuerstein P.,"Dental technology over 150 years: evolution and revolution", *J Mass Dent Soc*, 2014 Winter; 62(4): 44-49.
- Hyson JM Jr., "History of the toothbrush", *J Hist Dent*, 2003 Jul; 51(2): 73-80.

뼈에 새기는 잔혹 동화_골수염

- Brad W. Neville, Douglas D. Damm, Carl M. Allen, "Saunders", *Oral and Maxillofacial Pathology*, 4th Edition, 2015.
- C. V. Andre, R. H. Khonsari, D. Ernenwein, P. Goudot, B. Ruhin, "Osteomyelitis of the jaws: A retrospective series of 40 patients", *J Stomatol Oral Maxillofac Surg*, 2017 Oct; 118(5): 261-264.
- Hugh Devlin, "A historical review of 'phossy jaw'", *Br Dent J*, 2023 Jun; 234(11): 825-826.
- L. Klenerman, "A history of osteomyelitis from the Journal of Bone and Joint Surgery: 1948 TO 2006", *J Bone Joint Surg Br*, 2007 May; 89(5): 667-670.
- Mathilde Fenelon, Steven Gernandt, Romain Aymon, Paolo Scolozzi, "Identifying Risk Factors Associated with Major Complications and Refractory Course in Patients with Osteomyelitis of the Jaw: A Retrospective Study", *J Clin Med*, 2023 Jul 17; 12(14): 4715.
- Robert E. Marx, "Uncovering the cause of 'phossy jaw' Circa 1858 to 1906: oral and

maxillofacial surgery closed case files-case closed", *J Oral Maxillofac Surg*, 2008 Nov; 66(11): 2356-2363.

죽은 자의 불타지 않는 지문_법의학과 얼굴뼈

- 국립과학수사연구소의 법의관·신몽, 『타살의 흔적』, 시공사, 2010.
- 문국진, 『한국의 시체, 일본의 시체』, 해바라기, 2003.
- 장 노엘 파비아니, 『만화로 배우는 의학의 역사』, 한빛비즈, 2019.
- 채종민·강대영, 『법의학(textbook of legal medicine)』, 법의학 교과서 편찬위원회, 2007.
- "김종렬 교수의 법치의학 X 파일" 『치의신보』 기사, 2008.
- "완전범죄는 없다", 『한국일보』 기사, 2018.

칼과 인간, 그리고 무인도의 스케이트 날_도구

- 대한구강악안면외과학회, 『구강악안면외과학교과서』, 제4판, 군자출판사, 2023.
- Ira Rutkow M. D., *Empire of the Scalpel: The History of Surgery*, Scribner, 2022.
- John Ochsner, "Surgical knife", *Tex Heart Inst J*, 2009; 36(5): 441-443.
- Nader N. Massarweh, Ned Cosgriff, Douglas P. Slakey, "Electrosurgery: history, principles, and current and future uses", *J Am Coll Surg*, 2006 Mar; 202(3): 520-530.
- Steven D. McCarus, Laura K S Parnell, "The Origin and Evolution of the HARMONIC® Scalpel", *Surg Technol Int*, 2019 Nov 10: 35: 201-213.

인간다움을 돌려받기 위한 몸부림_재건

- Ben J. Steel, Martin R. Cope, "A brief history of vascularized free flaps in the oral and maxillofacial region", *J Oral Maxillofac Surg*, 2015 Apr; 73(4): 786.e1-11.
- David A. Shaye, "The history of nasal reconstruction", *Curr Opin Otolaryngol Head Neck Surg*, 2021 Aug 1; 29(4): 259-264.
- Han Ick Park, Jee-Ho Lee, Sang Jin Lee, "The comprehensive on-demand 3D bio-printing for composite reconstruction of mandibular defects", *Maxillofac Plast Reconstr Surg*, 2022 Oct 4; 44(1): 31.
- Hee-Kyung Lee, "A study of introduction for Maxillofacial prosthesis in Dental Technology", *J Kor Aca Den Tech*, 2007; 29(2): 105-117.

- M. Anthony Pogrel, "Who was Andy Gump?", *J Oral Maxillofac Surg*, 2010 Mar; 68(3): 654-657.
- Min, Seung-Ki, "An History of Maxillofacial Prostheses", *Maxillofacial Plastic and Reconstructive Surgery*, 2000; 22(4): 383-396.
- Seong Ryoung Kim, Sam Jang, Kang-Min Ahn, Jee-Ho Lee, "Evaluation of Effective Condyle Positioning Assisted by 3D Surgical Guide in Mandibular Reconstruction Using Osteocutaneous Free Flap", *Materials*(Basel), 2020 May 19; 13(10): 2333.

아무리 안락하게 만들어도 앉고 싶지 않은 의자_유닛체어

- 대한구강악안면외과학회, 『구강악안면외과학교과서』, 제4판, 군자출판사, 2023.
- Feuerstein P., "Dental technology over 150 years: evolution and revolution", *J Mass Dent Soc*, 2014 Winter; 62(4): 44-49.

더 날카롭지만 덜 아픈 도구를 찾아서_치과 드릴

- Alpert B., "The Evolution of Oral and Maxillofacial Surgery Over the Past 100+ Years-With Special Emphasis on the Role of Fluoride and the High-Speed Handpiece", *J Oral Maxillofac Surg*, 2018 Aug; 76(8): 1611-1615.
- Coppa A, Bondioli L, Cucina A, Frayer DW, Jarrige C, Jarrige JF, Quivron G, Rossi M, Vidale M, Macchiarelli R., "Palaeontology: early Neolithic tradition of dentistry", *Nature*, 2006 Apr 6; 440(7085): 755-756.
- Eshleman J. R, Sarrett D. C., "How the development of the high-speed turbine handpiece changed the practice of dentistry. 1953", *J Am Dent Assoc*, 2013 Oct; 144 Spec No: 29S-32S.
- Feuerstein P., "Dental technology over 150 years: evolution and revolution", *J Mass Dent Soc*, 2014 Winter; 62(4): 44-49.
- Oosterink F. M, de Jongh A, Aartman I. H., "What are people afraid of during dental treatment? Anxiety-provoking capacity of 67 stimuli characteristic of the dental setting", *Eur J Oral Sci*, 2008 Feb; 116(1): 44-51.
- Siegel S. C, von Fraunhofer J. A.,"Dental cutting with diamond burs: heavy-handed or light-touch?", *J Prosthodont*, 1999 Mar; 8(1): 3-9.